轨道交通装备制造业职业技能鉴定指导丛书

橡胶半成品制造工

中国中车股份有限公司 编写

中国铁道出版社

2016年·北京

图书在版编目(CIP)数据

橡胶半成品制造工/中国中车股份有限公司编写. —北京:
中国铁道出版社,2016.2
(轨道交通装备制造业职业技能鉴定指导丛书)
ISBN 978-7-113-21211-7

Ⅰ. ①橡…　Ⅱ. ①中…　Ⅲ. ①橡胶加工一职业技能一
鉴定一自学参考资料　Ⅳ. ①TQ330.5

中国版本图书馆 CIP 数据核字(2016)第 305524 号

书　　　名:	轨道交通装备制造业职业技能鉴定指导丛书	
	橡胶半成品制造工	
作　　　者:	中国中车股份有限公司	

策　　　划:	江新锡　钱士明　徐　艳	
责任编辑:	陶赛赛	编辑部电话:010-51873065
编辑助理:	黎　琳	
封面设计:	郑春鹏	
责任校对:	苗　丹	
责任印制:	陆　宁　高春晓	

出版发行:中国铁道出版社(100054,北京市西城区右安门西街 8 号)
网　　址:http://www.tdpress.com
印　　刷:北京尚品荣华印刷有限公司
版　　次:2016 年 2 月第 1 版　2016 年 2 月第 1 次印刷
开　　本:787 mm×1 092 mm　1/16　印张:11.75　字数:286 千
书　　号:ISBN 978-7-113-21211-7
定　　价:38.00 元

序

在党中央、国务院的正确决策和大力支持下,中国高铁事业迅猛发展。中国已成为全球高铁技术最全、集成能力最强、运营里程最长、运行速度最高的国家。高铁已成为中国外交的金牌名片,成为高端装备"走出去"的大国重器。

中国中车作为高铁事业的积极参与者和主要推动者,在大力推动产品、技术创新的同时,始终站在人才队伍建设的重要战略高度,把高技能人才作为创新资源的重要组成部分,不断加大培养力度。广大技术工人立足本职岗位,用自己的聪明才智,为中国高铁事业的创新、发展做出了杰出贡献,被李克强同志亲切地赞誉为"中国第一代高铁工人"。如今在这支近 9.2 万人的队伍中,持证率已超过96%,高技能人才占比已超过 59%,有 6 人荣获"中华技能大奖",有 50 人荣获国务院"政府特殊津贴",有 90 人荣获"全国技术能手"称号。

高技能人才队伍的发展,得益于国家的政策环境,得益于企业的发展,也得益于扎实的基础工作。自 2002 年起,中国中车作为国家首批职业技能鉴定试点企业,积极开展工作,编制鉴定教材,在构建企业技能人才评价体系、推动企业高技能人才队伍建设方面取得明显成效。

中国中车承载着振兴国家高端装备制造业的重大使命,承载着中国高铁走向世界的光荣梦想,承载着中国轨道交通装备行业的百年积淀。为适应中国高端装备制造技术的加速发展,推进国家职业技能鉴定工作的不断深入,中国中车组织修订、开发了覆盖所有职业(工种)的新教材。在这次教材修订、开发中,编者基于对多年鉴定工作规律的认识,提出了"核心技能要素"等概念,创造性地开发了《职业技能鉴定技能操作考核框架》。试用表明,该《框架》作为技能人才综合素质评价的新标尺,填补了以往鉴定实操考试中缺乏命题水平评估标准的空白,很好地统一了不同鉴定机构的鉴定标准,大大提高了职业技能鉴定的公平性和公信力,具有广泛的适用性。

相信《轨道交通装备制造业职业技能鉴定指导丛书》的出版发行,对于推动高技能人才队伍的建设,对于企业贯彻落实国家创新驱动发展战略,成为"中国制造2025"的积极参与者、大力推动者和创新排头兵,对于构建由我国主导的全球轨道交通装备产业新格局,必将发挥积极的作用。

中国中车股份有限公司总裁:

二〇一五年十二月二十八日

前　　言

鉴定教材是职业技能鉴定工作的重要基础。2002年，经原劳动保障部批准，原中国南车和中国北车成为国家职业技能鉴定首批试点中央企业，开始全面开展职业技能鉴定工作。2003年，根据《国家职业标准》要求，并结合自身实际，我们组织开发了《职业技能鉴定指导丛书》，共涉及车工等52个职业（工种）的初、中、高3个等级。多年来，这些教材为不断提升技能人才素质、满足企业转型升级的需要发挥了重要作用。

随着企业的快速发展和国家职业技能鉴定工作的不断深入，特别是以高速动车组为代表的世界一流产品制造技术的快步发展，现有的职业技能鉴定教材在内容、标准等诸多方面，已明显不适应企业构建新型技能人才评价体系的要求。为此，公司决定修订、开发《轨道交通装备制造业职业技能鉴定指导丛书》。

本《丛书》的修订、开发，始终围绕打造世界一流企业的目标，努力遵循"执行国家标准与体现企业实际需要相结合、继承和发展相结合、质量第一、岗位个性服从于职业共性"四项工作原则，以提高中国中车技术工人队伍整体素质为目的，以主要和关键技术职业为重点，依据《国家职业标准》对知识、技能的各项要求，力求通过自主开发、借鉴吸收、创新发展，进一步推动企业职业技能鉴定教材建设，确保职业技能鉴定工作更好地满足企业发展对高技能人才队伍建设工作的迫切需要。

本《丛书》修订、开发中，认真总结和梳理了过去12年企业鉴定工作的经验以及对鉴定工作规律的认识，本着"紧密结合企业工作实际，完整贯彻落实《国家职业标准》，切实提高职业技能鉴定工作质量"的基本理念，以"核心技能要素"为切入点，探索、开发出了中国中车《职业技能鉴定技能操作考核框架》；对于暂无《国家职业标准》、又无相关行业职业标准的38个职业，按照国家有关《技术规程》开发了《中国中车职业标准》。自2014年以来近两年的试用表明：该《框架》既完整反映了《国家职业标准》对理论和技能两方面的要求，又适应了企业生产和技术工人队伍建设的需要，突破了以往技能鉴定实作考核缺乏水平评估标准的"瓶颈"，统一了不同产品、不同技术含量企业的鉴定标准，提高了鉴定考核的技术含量，提高了职业技能鉴定工作质量和管理水平，保证了职业技能鉴定的公平性和公信力，已经成为职业技能鉴定工作、进而成为生产操作者综合技术素质评价的新标尺。

　　本《丛书》共涉及 99 个职业(工种),覆盖了中国中车开展职业技能鉴定的绝大部分职业(工种)。《丛书》中每一职业(工种)又分为初、中、高 3 个技能等级,并按职业技能鉴定理论、技能考试的内容和形式编写。其中:理论知识部分包括知识要求练习题与答案;技能操作部分包括《技能考核框架》和《样题与分析》。本《丛书》按职业(工种)分册,已按计划出版了第一批 75 个职业(工种)。本次计划出版第二批 24 个职业(工种)。

　　本《丛书》在修订、开发中,仍侧重于相关理论知识和技能要求的应知应会,若要更全面、系统地掌握《国家职业标准》规定的理论与技能要求,还可参考其他相关教材。

　　本《丛书》在修订、开发中得到了所属企业各级领导、技术专家、技能专家和培训、鉴定工作人员的大力支持;人力资源和社会保障部职业能力建设司和职业技能鉴定中心、中国铁道出版社等有关部门也给予了热情关怀和帮助,我们在此一并表示衷心感谢。

　　本《丛书》之《橡胶半成品制造工》由原青岛四方车辆研究所有限公司《橡胶半成品制造工》项目组编写。主编郑晖;主审孔军,副主审宋爱武、刘兴臣;参编人员宋红光。

　　由于时间及水平所限,本《丛书》难免有错、漏之处,敬请读者批评指正。

中国中车职业技能鉴定教材修订、开发编审委员会
二〇一五年十二月三十日

目　录

橡胶半成品制造工(职业道德)习题

一、填 空 题

1. 社会主义职业道德的核心是( )。

2. 职业道德的"五个要求",既包含基础性的要求,也有较高的要求。其中,最基本的要求是( )。

3. 职业活动中,( )已经有相关的法律规定,因此不需要通过职业道德来规范从业人员的职业行为。

4. 学习职业道德的重要方法之一是知行统一与三德兼修( )。

5. 职业道德从传统文明中继承的精华主要有勤俭节约与( )精神。

6. 职业荣誉的特点是阶级性、激励性和( )。

7. 职业道德是随着社会分工的发展,并出现( )的职业集团时产生的。

8. 人们的( )是职业道德产生的基础。

9. 任何社会的职业道德总要受到该社会占( )的一般社会道德的影响和制约。

10. 职业道德是在历史上形成的、特定的( )中产生和发展起来的。

11. 职业道德具有较强的( )和连续性。

12. 职业道德反映着特定的职业关系,具有特定职业的( )。

13. 中国中车愿景是成为( )装备行业世界级企业。

14. 中国中车使命是接轨世界,( )。

15. 中国中车的英文缩写是( ),与国际惯例一致,利于品牌在国际市场上的传播推广。

二、单项选择题

1. 正确行使职业权利的首要要求是( )。

(A)要树立一定的权威性   (B)要求执行权力的尊严

(C)要树立正确的职业权力观   (D)要能把握恰当的权利分寸

2. 社会主义道德的基本要求是( )。

(A)社会公德、职业道德、家庭美德

(B)爱国主义、集体主义和社会主义

(C)爱祖国、爱人民、爱劳动、爱科学、爱社会主义

(D)有理想、有道德、有文化、有纪律

3. 下面关于职业道德行为的主要特征,表述不正确的是( )。

(A)与职业活动紧密相关   (B)职业道德行为的选择

(C)与内心世界息息相关   (D)对他人的影响重大

4. 在职业活动中,主张个人利益高于他人利益、集体利益和国家利益的思想属于(　　)。

(A)极端个人主义　　　　(B)自由主义　　　　(C)享乐主义　　　　(D)拜金主义

5. 职业道德修养最有生命力、最重要的内容是(　　)。

(A)职业道德自育　　　　　　　　　　(B)职业道德品质

(C)职业道德规范　　　　　　　　　　(D)职业道德知识

6. 职业道德与法律的关系表述不正确的是(　　)。

(A)职业道德与法律都体现和代表着人民群众的观点、利益与意志

(B)都为社会主义国家的经济基础和上层建筑服务,起到巩固社会主义制度的作用

(C)职业道德与法律在内容上完全不一样

(D)凡是社会成员的行为违反宪法和法律,也是违反道德的

7. 下列对爱岗敬业表述不正确的是(　　)。

(A)抓住机遇,竞争上岗　　　　　　　(B)具有奉献精神

(C)勤奋学习,刻苦钻研业务　　　　　(D)忠于职守,认真履行岗位职责

8. 关于职业幸福基本要求应该处理好的几个关系,表述不正确的是(　　)。

(A)正确处理好国家利益和集体利益的关系

(B)正确处理物质生活幸福与精神生活幸福的关系

(C)正确处理好个人幸福与集体幸福之间的关系

(D)正确处理好创造职业幸福和享受职业幸福的关系

9. 关于加强职业道德修养的途径,不正确的表述是(　　)。

(A)"慎独"

(B)只需参加职业道德理论的学习和考试过关即可

(C)学习先进人物的优秀品质

(D)积极参加职业道德的社会实践

10. 开拓创新是职业道德基本规范之一,下面表述不正确的是(　　)。

(A)要树立开拓创新的观念

(B)学习开拓创新的方法和锻炼开拓创新的思维

(C)创新就是超越时间和现实,前人没有做过的都可以去做

(D)培养锻炼开拓创新的意志品质

11. 关于职业活动中的"忠诚"原则的说法,不正确的是(　　)。

(A)无论我们在哪一个行业,从事怎样的工作,忠诚都是有具体规定的

(B)忠诚包括承担风险,包括从业者对其职责本身所拥有的一切责任

(C)忠诚意味着必须服从上级的命令

(D)忠诚是通过圆满完成自己的职责,来体现对最高经营责任人的忠诚

12. 下列与职业道德行为特点不相符的是(　　)。

(A)与职业活动紧密相连　　　　　　　(B)与内心世界息息相关

(C)对他人和社会影响重大　　　　　　(D)与领导的影响有关

13. 遵守职业纪律的首要要求是(　　)。

(A)要自觉遵守,不得有意违反　　　　(B)要熟知职业纪律,避免无知违纪

(C)要养成良好习惯,不明知故犯　　　(D)要记住纪律规章,对照检查

14. 下列行为体现办事公道的做法的是(　　)。

(A)在任何情况下按"先来后到"的次序提供服务

(B)对当事人"各打五十大板"

(C)协调关系奉行"中间路线"

(D)处理问题"不偏不倚"

15. 职业道德行为选择的类型中有(　　)。

(A)在多种可能性中进行选择　　　　(B)在多种变化情况中进行选择

(C)在多种逆境中进行选择　　　　(D)在同属于善的多层次中进行选择

16. 下列选项中,(　　)是指从业人员在职业活动中,为了履行职业道德义务,克服障碍,坚持或改变职业道德行为的一种精神力量。

(A)职业道德情感　　　　　　(B)职业道德意志

(C)职业道德理想　　　　　　(D)职业道德认知

17. 职业道德行为修养的内容包括有(　　)。

(A)职业道德含义　　　　　　(B)职业道德批评

(C)职业道德规范　　　　　　(D)职业道德评价

18. 职业道德行为的特点之一是(　　)。

(A)认真修养,才能成为高尚的人　　　　(B)对他人和社会影响重大

(C)不管行为方式如何,只要效果好　　　　(D)在职业活动环境中才有职业道德

19. 职业道德行为修养过程中不包括(　　)。

(A)自我学习　　　(B)自我教育　　　(C)自我满足　　　(D)自我反省

20. 下列关于职业道德的说法中,你认为正确的是(　　)。

(A)职业道德与人格高低无关

(B)职业道德的养成只能靠社会强制规定

(C)职业道德从一个侧面反映人的道德素质

(D)职业道德素质的提高与从业人员的个人利益无关

三、多项选择题

1. 作为职业道德基本原则的集体主义,有着深刻的内涵。下列关于集体主义内涵的说法,正确的是(　　)。

(A)坚持集体利益和个人利益的统一

(B)坚持维护集体利益的原则

(C)集体利益要通过对个人利益的满足来实现

(D)坚持集体主义原则,就是要坚决反对个人利益

2. 职业道德的特征包括(　　)。

(A)鲜明的行业性　　　　　　(B)利益相关性

(C)表现形式的多样性　　　　(D)应用效果上的不确定性

3. 职业道德与家庭美德的关系有(　　)。

(A)相对独立,关系不大　　　　(B)互相影响,互为促进

(C)较为一致,整体融合　　　　(D)完全一致,没有区别

4. 职业道德与社会公德的关系有(　　　)。

(A)互不相关,彼此独立

(B)互相转换,唇亡齿寒

(C)互相影响,互相渗透

(D)互为基础,互相促进

5. 遵守职业道德规范主要靠(　　　)。

(A)通过自我控制、约束实现

(B)通过社会舆论的监督实现

(C)提高自身职业道德修养实现

(D)通过法律的手段强制实现

6. 职业道德修养的意义在于有利于提高个人的职业道德素质和(　　　)。

(A)有利于社会主义政治文明建设

(B)有利于发挥职业道德的社会功能

(C)有利于行业的职业道德建设

(D)有利于中华民族优良道德传统的弘扬

7. 学习职业道德的方法有(　　　)。

(A)业余自学与集中面授相结合

(B)理论学习与联系实际相结合

(C)个人修养与学习榜样相结合

(D)背诵条款与指导他人相结合

8. 职业道德的形成正确的说法有(　　　)。

(A)萌芽于原始社会

(B)形成于奴隶社会

(C)完善于资本主义到社会主义过渡时期

(D)发展于封建社会及其以后

9. 中国中车核心价值观是(　　　)。

(A)诚信为本　　　　(B)创新为魂　　　　(C)崇尚行动　　　　(D)勇于进取

10. 中国中车团队建设目标(　　　)。

(A)实力　　　　(B)活力　　　　(C)生产力　　　　(D)凝聚力

四、判断题

1. 职业道德与职业技能没有关系。(　　　)

2. 学习职业道德对于行风建设作用不大。(　　　)

3. 真诚相处指的是与同事间的关系,并不适用于职场中的竞争对手。(　　　)

4. 职业道德的基本范畴主要包括:职业义务、职业权力、职业责任、职业纪律、职业良心、职业荣誉、职业幸福和职业理想。(　　　)

5. 职业道德的行为特征是指各行各业都有自己的道德要求。(　　　)

6. 职业义务可以分为对他人的职业义务和对社会的职业义务两类。(　　　)

7. 触犯了法律就一定违反了职业道德规范。(　　　)

8. 职业道德行为评价主要是指社会评价和集体评价。(　　　)

9. 当国家利益和局部的集体利益发生冲突时,国家利益要服从局部的集体利益。(　　　)

10. 职业责任是指在特定的职业范围内从事某种职业的人们要共同遵守的行为准则。(　　　)

11. 社会上有多少种职业就有多少种职业责任。(　　　)

12. 只有社会主义职业道德才是以集体主义为原则,以人民利益作为最高利益的。(　　　)

13. 一个人在工作中把事情办糟了,由此可以推断出他的职业良心有问题。(　　　)

14. 学习职业道德虽然要知行统一,但重点应放在"知"上。(　　　)

15. 诚实守信是中国中车生存发展的根本,是全体中车人做人做事的根本准则。(　　　)

橡胶半成品制造工(职业道德)答案

一、填空题

1. 为人民服务　　2. 爱岗敬业　　3. 文明安全　　4. 相结合
5. 艰苦奋斗　　6. 多样性　　7. 相对固定　　8. 职业生活实践
9. 统治地位　　10. 职业环境　　11. 稳定性　　12. 业务特征
13. 轨道交通　　14. 牵引未来　　15. CRRC

二、单项选择题

1. C　　2. C　　3. B　　4. A　　5. A　　6. C　　7. A　　8. A　　9. B
10. C　　11. C　　12. D　　13. B　　14. D　　15. D　　16. B　　17. C　　18. B
19. C　　20. C

三、多项选择题

1. AB　　2. AC　　3. BC　　4. CD　　5. ABC　　6. BCD　　7. ABC
8. ABD　　9. ABCD　　10. ABD

四、判断题

1. ×　　2. ×　　3. ×　　4. √　　5. ×　　6. √　　7. √　　8. ×　　9. ×
10. ×　　11. √　　12. √　　13. ×　　14. ×　　15. √

橡胶半成品制造工(初级工)习题

一、填 空 题

1. 为了使胶料沿螺槽推进,必须使胶料与螺杆和胶料与机筒间的摩擦系数尽可能(   )。

2. 挤出机头的类型按机头内胶料压力大小分:低压机头、中压机头、(   )。

3. 帘布筒贴合时要(   )压实。

4. 帘布筒贴合每个布筒第一层按规定定长,而后逐层(   )贴合。

5. 帘布锐角按照单左双右的规律摆放,操作时帘布中心线与灯标中心线需(   )。

6. 帘布筒贴合时帘布角度要(   )排列。

7. 帘布筒贴合接好头后滚压两周划好(   )。

8. 多层级斜交轮胎帘布筒贴合前3个布筒宽度和(   )要检查。

9. 帘布筒贴合每贴(   )个布筒要测量一次布筒长度,核对其是否符合施工标准。

10. 挤出机根据工艺用途不同分为压出挤出机、(   )挤出机、塑炼挤出机、混炼挤出机、压片挤出机及脱硫挤出机等。

11. 有较严重(   )、罗股、露白、打弯等毛病的帘布应扯掉,更严重的返回上工序处理。

12. 贴合时要逐层(   ),有气泡要扎净、压实,有褶子要启开展平。

13. 表面(   )不沾的胶帘布应适量刷汽油,汽油挥发后再贴合。

14. 时间、温度和(   )构成硫化反应条件的主要因素,它们对硫化质量有决定性影响,通常称为硫化"三要素"。

15. 胶布成型中,胶布贴合处必须进行(   )或充气加压,以排出贴合层之间的气体而粘牢。

16. 压型是在胶片上压出某种(   )或形状。

17. 同一配方可用(   )、质量百分数配方、体积百分数配方、生产配方方法表示。

18. 贴胶和擦胶是在作为制品结构骨架的(   )上覆上一层薄胶。

19. 对天然胶,最适宜的硫化温度为(   )℃,一般不高于160 ℃。

20. 一般天然橡胶成分中含有橡胶烃(   )%～95%。

21. 压型压延机用于制造表面有花纹或有一定断面形状的胶片,有两辊、三辊、四辊,其中一个辊筒表面刻有(   )。

22. 生胶,即尚未被交联的橡胶,由线形大分子或者带(   )的线形大分子构成。

23. 天然橡胶的加工过程包括塑炼、(   )、压延、压出、硫化等工艺过程。

24. 一个完整的硫化体系主要由硫化剂、促进剂、(   )所组成。

25. 压延用的胶料首先要在开炼机上进行(   )。

26. 纯胶制品是指以胶乳为主要原料的橡胶制品。通常包括(   )、压出、海绵、模铸四种制品。

27. 硫化过程可分为三个阶段：第一阶段为诱导阶段，第二阶段为交联反应，第三阶段为（　　）阶段。

28. 按硫化历程分析，可分四个阶段，即（　　）阶段、热硫化阶段、平坦硫化阶段和过硫化阶段。

29. 压延用的胶料进行翻炼目的是进一步提高胶料的均匀性和（　　）。

30. 塑炼的目的就是便于（　　）。

31. 二次浸胶区发生停机时要注意将（　　）抽回各自的桶里。

32. 二次浸胶时发生断纸时要注意清理二次（　　）断纸。

33. 浸胶车间不合格品很多，占总产量的（　　）%左右是浸胶打折（包折痕）布。

34. 要求胶料渗入纺织物的空隙中去的是（　　）。

35. 橡胶混炼是塑炼后的胶内加入配料中的（　　）、氧化剂、硫化剂等，然后在开放式炼胶机或密炼机等混炼设备上制备混炼胶。

36. 橡胶制浆是将切成小块的塑炼胶或混炼胶与（　　）、溶剂按比例放入搅拌机制成胶浆。

37. 浸胶刮浆是用（　　）或刮浆机，将橡胶骨架材料的纤维织物、线绳表面浸渍或刮上一层很薄的处理剂或浆料。

38. 橡胶喷浆是在橡胶制品（　　）喷上以胶水氨液、甲醛、汽油等混合溶剂制成的乳胶浆。

39. 压延方式中要求胶坯有较好的挺性的是（　　）。

40. 压延方式中要求胶料有较高的可塑度的是（　　）。

41. 压延方式中能增加胶料与纺织物间的结合强度，提高纤维的耐疲劳性能的是（　　）。

42. 冲边清洗是将（　　）、管、带等工件集中用沸水或酸碱液清洗、晾干。

43. 纺织缠绕是用（　　）、缠绕机，将纤维或铜丝等编织缠绕在编织胶管或缠绕的内胶层上，制成纺织缠绕胶管坯件。

44. 包铅硫化是将压好外胶的（　　），用包铅机进行包铅，然后进行硫化，再将胶管坯件放到剥铅机上，将管坯上的铅剥下。

45. 已浸胶的纺织物，在（　　）前需要烘干。

46. 一般纺织物的含水量应控制在（　　）。

47. 帘布贴合是将已裁断的（　　）在贴合机上先后卷成数层圆筒状帘布并使之紧密贴合，以供后道工序使用。

48. 含水率过大会降低橡胶与纺织物的（　　）。

49. 挤出机螺杆的工作部分直接完成（　　）作业。

50. 胶乳海绵制取是将（　　）先用甲醛去氨，再与合成胶乳混合，然后加入泡剂等辅料，经起泡胶凝、硫化洗涤，干燥后即得胶乳海绵品。

51. 二次浸胶区发生停机时要注意清洗（　　）、胶辊和胶盆。

52. 帘布及缓冲胶片按生产的（　　）使用。

53. 帘布压延的质量要求断面厚度（　　），准确。

54. 严格执行交接班制度和日常安全检查制度。班前班后要认真进行岗位安全检查，包括环境状况、(　　)等,将安全检查列为交接班和每天工作的重要内容。

55. 二次浸胶时出现断纸要注意准备在(　　)贴胶带。

56. 卷取完的小卷帘布要挂好标有空气弹簧气囊型号、(　　)、帘布层数、日期等标记的流转卡片。

57. 压片是将预热好的胶料用(　　)的压延机压制成具有一定厚度和宽度的胶片。

58. 成型过程中,钢丝圈包布轻微掉胶必须涂刷(　　)。

59. 帘布(　　)就是把帘布按一定的宽度和一定的角度进行裁切的工艺过程。

60. 二次浸胶区发生停机时要注意根据胶水的种类和多少添加相应的烧碱,将(　　)和 1 号胶的 pH 值调回至 8。

61. 冷喂料压出供胶时割胶条时,不允许胶料落地及(　　)。

62. 挤出机螺杆长径比大,胶料受到的剪切作用就(　　)。

63. 每裁断 100 次或更换规格均须测量所裁帘布的(　　)和角度。

64. 压延的钢丝帘布存放时间最多(　　)。

65. 钢丝帘线裁断后的钢丝露出,最长(　　)mm。

66. 压延方式中的(　　)适用于天然橡胶。

67. 压延时有适量的积存胶有利于减少胶片(　　)。

68. 压延时有适量的积存胶可使胶片(　　)压延效应。

69. 钢丝圈的制造是将钢丝附胶后卷成(　　)。

70. 捻度:单位长度的捻回数,单位长度常用为(　　)cm。

71. 3+9+15(0.22)+w 中的"3"表示(　　)。

72. 1890D/2-24EPI 中的"1890"表示单位长度(9 000 m)的纤维或纱线所具有的(　　)。

73. 帘布压延的是通过压延机把胶料附在(　　)上。

74. 二次浸胶区发生断纸时要注意清理(　　)和单动下涂辊。

75. 压型的工艺要点与(　　)大致相同。

76. 压延各个区域采用不同的牵引(　　),对厚度、温度、张力等自动控制,确保压延的质量。

77. 压型制品要求花纹清晰,尺寸准确,(　　)。

78. 旦数(Denier)——每(　　)长度的纤维或纱线所具有的质量克数,对同一种纤维,旦数越大,纤维越粗。

79. 大卷帘线压延前 30 min 内打开包装,为防止(　　)吸潮。

80. 帘线烘干温度严格按工艺要求设定控制,一般聚酯帘线在(　　)℃左右。

81. 由于橡胶具有弹性复原性,当含胶率较高时,压延后的花纹易(　　)模糊。

82. 钢丝帘布密度的均匀,避免出现(　　)和跳线是压延重要的控制内容。

83. 钢丝压延要严格控制压延帘布的厚度和(　　)。

84. 压延法胶片压延流程:供胶、四辊压延、冷却、(　　)。

85. 挤出机螺杆压缩比大,胶料易产生(　　)现象。

86. 胎圈钢丝直径采用钢丝的截面直径来表示,如 φ1.0 胎圈钢丝,其钢丝直径约为(　　)mm。

87. 压延操作中采用(　　)、降低速度等方法来提高压延胶片的质量。

88. 压延定型胶片如采用(　　)的办法,使花纹定型、清晰、防止变形。

89. 挂胶帘布或挂胶帆布作为橡胶制品的(　　)材料,如轮胎外胎的尼龙挂胶帘布。

90. 纺织物挂胶方法可分为贴胶和(　　)。

91. 挂胶帘布可以保证制品具有良好的使用(　　)。

92. 压力贴胶帘线受到的张力(　　)。

93. 三角胶芯贴正,胶芯接头与钢丝圈接头(　　),接头压实,不允许有脱开裂缝现象。

94. 常用四辊压延机可以进行(　　)贴胶。

95. 我们把钢丝帘布裁断后带有一定(　　)和角度的钢丝带叫带束层。

96. 水性胶浆是以(　　)为介质,复合性好。

97. 水性胶浆可达到 60 天～(　　)天的保存期。

98. 水性胶浆的黏度对胶浆(　　)、湿润性、涂布等有重要影响。

99. 胶浆根据用途可分为(　　)和特殊胶浆。

100. 线绳浸胶处理,以此改善它与(　　)之间的黏合能力。

101. 压延擦胶上、下辊等速,中辊(　　)。

102. 浸胶时(　　)能有效地去除线绳附带的多余浆料,使加工好的线绳有一个"光洁"的表面。

103. 比较理想的浸胶工艺温度为 200～(　　)℃。

104. 压延时胶料会在长度方向上表现为长度(　　)。

105. 在最小辊距的中央处胶料流动快于两边,形成速度梯度,产生剪切,使胶料产生(　　)变形。

106. 压延后辊筒挤压力消失,所以胶片会沿压延方向(　　)。

107. 对于压出实心或圆形中空半成品,一般口型尺寸约为螺杆直径的(　　)～0.75。

108. 压延机工作前需要进行(　　)至规定的温度。

109. 压延方式中厚擦为中辊(　　)。

110. 压延方式中厚擦胶料的渗透(　　)。

111. 为保证尼龙帘线的尺寸稳定性,在压延前必须进行(　　)处理。

112. 压延过程中,可塑度大,流动性好,压延收缩率(　　)。

113. 压延方式中薄擦的胶层(　　)。

114. 纺织物的含水率一般都比较高,因此,压延前必须对纺织物进行(　　)处理。

115. 压延方式中薄擦用胶量比厚擦(　　)。

116. 擦胶是在压延时利用压延机辊筒速比产生的(　　)和挤压力作用将胶料挤擦入织物的组织缝隙中的挂胶方法。

117. 三辊压延机擦胶分为单面擦胶和(　　)两种。

118. 纺织物擦胶压延工艺中,适当提高胶料的(　　)有利于提高胶料的流动和渗透作用。

119. 压延时,辊筒受胶料(　　)作用产生的轴向弹性弯曲变形程度大小用辊筒轴线中央处偏离原来水平位置的距离表示,称为辊筒的挠度。

120. 压延速度快,胶料受力时间短,胶层与纺织物结合力就(　　)。

121. 低温薄通方法,即以低辊温和(　　)对胶料进行加工,主要使胶料补充混炼均匀,并可适当提高其可塑性。

122. 压延效应会影响要求各向同性的制品的质量,应尽量设法(　　　)。

123. 压延速度应视胶料的(　　　)而定。

124. 胶料流动性好,则压延时渗透力(　　　)。

125. 开始裁断及更换规格时,卷布前要自检前三张的(　　　)和宽度。

126. 裁断结束后,要将刀回至下位以后,再进行(　　　)。

127. 裁刀不够锋利时需要进行(　　　)处理。

128. 胶帘布裁断检查的质量标准中,大头小尾应小于(　　　)mm。

129. 裁断工艺中,垫布不倒卷(　　　)使用。

130. 裁断时,严禁用手试刀,手和刀要保持(　　　)mm 以上的距离。

131. 宽度在 100～200 mm 的小段胶帘布可以使用,但不可以(　　　)使用。

132. 帘布裁断前,应对帘布裁断机进行设备的(　　　)工作。

133. 两辊压延机贴合精度比三辊(　　　)。

134. 裁断过程中,帘布有粘连现象时,要进行(　　　)整理。

135. 橡胶的黏弹性与加工温度关系,当 $T_g<T<T_f$ 时,主要发生(　　　)。

136. 橡胶在管和槽中的流动时,按照(　　　)划分可以分为压力流动、收敛流动。

137. 裁断过程中,所裁帘布的(　　　)必须符合相应的工艺卡片的要求。

138. 四辊压延机贴合同时压延出(　　　)胶片并进行贴合。

139. 裁断工艺中,垫布宽度要大于帘布宽度(　　　)mm～100 mm。

140. 胶片贴合时可塑度不一致时会产生脱层、露白、掉皮、(　　　)等现象。

141. 同时贴合法可以保证贴合胶片完全(　　　)无气泡。

142. 帘布裁断中使用量角器测量帘布的(　　　)。

143. 胶帘布裁断的一般方法可分为手工裁断法、(　　　)和冲切裁断法。

144. 挤出机的规格用螺杆的(　　　)表示。

145. 挤出机的规格中"XJ"的"X"表示(　　　)。

146. 裁断准备过程中,需要按压延的(　　　)上大卷胶布。

147. 挤出机结构通常由机筒、(　　　)、加料装置、机头(口型)、加热冷却装置等部分组成。

148. 挤出机双头螺纹螺杆用于(　　　)。

149. 橡胶在管和槽中的流动时按(　　　)分布划分:一维流动、二维流动。

150. 质量检验所提供的客观证据是要证实产品的(　　　)满足规定要求。

151. 质量检验记录是证实(　　　)的证据。

152. 持续改进可以通过纠正措施和(　　　)来执行。

153. 根据企业规定,(　　　)人员负责工装模具的设计、审核、工艺审查等工作。

154. 只有在产品(　　　)通过后才能进行正式批量生产。

155. (　　　)检验就是从检验批中只抽取一个样本就对该批产品作出是否接收的判断。

二、单项选择题

1. 作为开炼机最重要的工作部件,直接完成炼胶技术过程的主要部件是(　　　)。
(A)挡胶板　　　　　(B)机座　　　　　(C)辊筒　　　　　(D)传动装置

2. 压延前的准备工艺有胶料的热炼和(　　　)的预加工。

(A)配合剂　　　　　　(B)硫化剂　　　　　(C)金属骨架　　　(D)纺织物

3. 胶料在混炼、压延或压出操作中以及在硫化之前的停放期间出现的早期硫化称为( )。

(A)硫化　　　　　　　(B)喷硫　　　　　　(C)焦烧　　　　　(D)喷霜

4. 制品中的硫黄由内部迁移至表面的现象叫( ),它是硫黄在胶料中形成过饱和状态或不相容所致。

(A)硫化　　　　　　　(B)喷硫　　　　　　(C)焦烧　　　　　(D)喷霜

5. 冷喂料挤出机常用压缩比为( )。

(A)1.3～1.4　　　　　(B)1.5～1.6　　　　(C)1.7～1.8　　　(D)1.9～2.0

6. 要求胶坯有较好的挺性的是( )。

(A)压出　　　　　　　(B)压片　　　　　　(C)成型　　　　　(D)擦胶

7. 由于天然橡胶主链结构是非极性,根据极性相似原理它不耐( )等非极性的溶剂。

(A)汽油　　　　　　　(B)水　　　　　　　(C)酒精　　　　　(D)葡萄糖

8. 热喂料挤出机常用压缩比为( )。

(A)1.3～1.4　　　　　(B)1.5～1.6　　　　(C)1.7～1.8　　　(D)1.9～2.0

9. 要求胶料可塑度低一些的是( )。

(A)压出　　　　　　　(B)压型　　　　　　(C)成型　　　　　(D)擦胶

10. 要求胶料渗入纺织物的空隙中去的是( )。

(A)压出　　　　　　　(B)压型　　　　　　(C)成型　　　　　(D)擦胶

11. 热炼后胶料会变得( ),易于后工序使用。

(A)变硬　　　　　　　(B)挺性　　　　　　(C)柔软　　　　　(D)玻璃态

12. 压延前在开炼机上使胶料柔软易于压延的方式是( )。

(A)塑炼　　　　　　　(B)混炼　　　　　　(C)烘胶　　　　　(D)热炼

13. 螺杆加料端压缩比比值越大,半成品致密性越( )。

(A)无规律　　　　　　(B)不定　　　　　　(C)好　　　　　　(D)差

14. 在最小辊距的( )处胶料流动快,从而在辊筒上形成速度梯度,产生剪切,使胶料产生塑性变形。

(A)两边　　　　　　　(B)偏左　　　　　　(C)偏右　　　　　(D)中央

15. 天然橡胶的主要成分为顺式-1,4-聚异戊二烯,含量在( )以上,此外还含有少量的蛋白质、丙酮抽出物、灰分和水分。

(A)95%　　　　　　　(B)90%　　　　　　(C)70%　　　　　(D)50%

16. EPM 是乙烯和丙烯的定向聚合物,主链不含双键,不能用硫黄硫化,只能用( )硫化。

(A)浓硫酸　　　　　　(B)亚硝酸　　　　　(C)过氧化物　　　(D)硫酸钠

17. 丁基橡胶(IIR)突出的性能是( )。

(A)耐磨性能好　　　　(B)耐透气性能好　　(C)弹性最好　　　(D)耐老化性能好

18. 橡胶硫化大都是加热加压条件下完成的。加热胶料需要一种能传递热能的物质,称为( )。

(A)硫化剂　　　　　　(B)硫化促进剂　　　(C)硫化活性剂　　(D)硫化介质

19. N350 是一个(　　　)的代号。

(A)生胶　　　　　　　(B)炭黑　　　　　　(C)促进剂　　　　　　(D)增黏剂

20. 配合剂均匀的(　　　)于橡胶中是取得性能优良、质地均匀制品的关键。

(A)集中　　　　　　　(B)分散　　　　　　(C)提升　　　　　　(D)下降

21. 天然橡胶在(　　　)以下为玻璃态,高于 130 ℃为黏流态,两温度之间为高弹态。

(A)−82 ℃　　　　　　(B)−72 ℃　　　　　(C)−62 ℃　　　　　(D)−52 ℃

22. 橡胶制品可归纳为五大类:轮胎、胶带、胶管、(　　　)和橡胶工业制品。

(A)汽车反光镜　　　　(B)杯子　　　　　　(C)胶鞋　　　　　　(D)插头

23. 橡胶是一种材料,它在大的变形下能迅速而有力恢复其形变,能够被改性。定义中所指的改性实质上是指(　　　)。

(A)塑炼　　　　　　　(B)混炼　　　　　　(C)压出　　　　　　(D)硫化

24. 天然橡胶的(　　　)是橡胶中最好的,一般作为高级橡胶制品重要原料。

(A)延展性　　　　　　(B)耐磨性　　　　　(C)外观　　　　　　(D)综合性能

25. 白炭黑的(　　　)会引起焦烧时间缩短及正硫化时间缩短。

(A)杂质多　　　　　　(B)含水率低　　　　(C)含水率大　　　　(D)灰分多

26. 橡胶的加工的基本工艺过程为塑炼、混炼、压延、(　　　)、成型、硫化。

(A)塑化　　　　　　　(B)压出　　　　　　(C)打磨　　　　　　(D)锻压

27. 胶料在混炼、压延或压出操作中以及在硫化之前的停放期间出现的早期硫化称为(　　　)。

(A)硫化　　　　　　　(B)焦烧　　　　　　(C)喷硫　　　　　　(D)喷霜

28. 橡胶的丙酮抽出物主要成分是(　　　)物质。

(A)不饱和脂肪酸和固醇类　　　　　　　　(B)不饱和脂肪酸和非固醇类

(C)脂肪酸和固醇类　　　　　　　　　　　(D)脂肪酸和亚油酸

29. 炭黑的基本结构单元是(　　　)。

(A)微晶　　　　　　　(B)碳原子　　　　　(C)炭黑聚集体　　　(D)层面

30. 生胶温度升高到流动温度时成为黏稠的液体,在溶剂中发生溶胀和溶解,必须经(　　　)才具有实际用途。

(A)氧化　　　　　　　(B)萃取　　　　　　(C)硫化　　　　　　(D)过滤

31. 橡胶配方中起补强作用的是(　　　)。

(A)炭黑　　　　　　　(B)硫黄　　　　　　(C)芳烃油　　　　　(D)促进剂

32. 配合剂,如硫化、TMTD、硬脂酸、石蜡、防老剂等从胶料中迁出表面的现象是(　　　)。

(A)焦烧　　　　　　　(B)老化　　　　　　(C)硫化　　　　　　(D)喷霜

33. 可以延长胶料的焦烧时间,不减缓胶料的硫化速度是(　　　)。

(A)防焦剂　　　　　　(B)炭黑　　　　　　(C)硫黄　　　　　　(D)促进剂

34. 开炼机塑炼时,两个辊筒以一定的(　　　)相对回转。

(A)速比　　　　　　　(B)速度　　　　　　(C)温度　　　　　　(D)压力

35. 密炼机塑炼的操作顺序为(　　　)。

(A)称量→排胶→翻炼→压片→塑炼→投料→冷却下片→存放

(B)称量→翻炼→塑炼→投料→压片→排胶→冷却下片→存放

(C)称量→投料→压片→翻炼→塑炼→排胶→冷却下片→存放

(D)称量→投料→塑炼→排胶→翻炼→压片→冷却下片→存放

36. 若胶料的可塑度（　　），混炼时配合剂不易混入，混炼时间会加长，压出半成品表面不光滑。

(A)过低　　　　　　(B)过高　　　　　　(C)不均匀　　　　　　(D)过快

37. 存放胶料垛放整齐，不黏垛。终炼胶垛放温度不超过（　　）。

(A)40 ℃　　　　　(B)60 ℃　　　　　(C)80 ℃　　　　　(D)105 ℃

38. 橡胶是热的不良导体，它的表面与内层温差随断面增厚而加大。当制品的厚度大于（　　）时，就必须考虑热传导、热容、模型的断面形状、热交换系统及胶料硫化特性和制品厚度对硫化的影响。

(A)1 mm　　　　　(B)1.5 mm　　　　　(C)6 mm　　　　　(D)10 mm

39. 对大部分橡胶胶料，硫化温度每增加温度 10 ℃，硫化时间缩短（　　）。

(A)1/2　　　　　(B)1/3　　　　　(C)1/4　　　　　(D)1/5

40. 在混炼过程中，橡胶大分子会与活性填料（如炭黑粒子）的表面产生化学和物理的牢固结合，使一部分橡胶结合在炭黑粒子的表面，成为不能溶解与有机溶剂的橡胶，叫（　　）。

(A)塑炼橡胶　　　(B)硫化胶　　　　(C)混炼胶　　　　(D)凝胶

41. 橡胶硫化大都是加热加压条件下完成的。加热胶料需要一种能传递热能的物质，称为（　　）。

(A)硫化剂　　　　(B)硫化介质　　　(C)硫化活性剂　　　(D)硫化促进剂

42. 构成硫化反应条件的主要因素，它们对硫化质量有决定性影响，通常称为硫化"三要素"的是（　　）。

(A)压延、压力和压出　　　　　　　(B)温度、压力和压出

(C)温度、合模力和时间　　　　　　(D)温度、压力和时间

43. 二次浸胶区发生停机时是需注意的事项是（　　）。

(A)排胶、压片　　　　　　　　　　(B)冷却下片

(C)清洗胶管、胶辊和胶盆　　　　　(D)翻炼、压片

44. 二次浸胶区发生断纸时要注意清理（　　）。

(A)皮带轮或齿轮处　　(B)轮轴部位　　(C)浸渍区　　(D)胶辊和胶盆

45. 浸胶车间不合格品很多，占总产量的（　　）左右是浸胶打折（包折痕）布。

(A)3%　　　　　　(B)5%　　　　　(C)8%　　　　　(D)10%

46. 贴合是指（　　）。

(A)把胶料制成一定厚度和宽度的胶片

(B)在作为制品结构骨架的织物上覆上一层薄胶

(C)胶片上压出某种花纹

(D)胶片与胶片、胶片与挂胶织物的贴合等作业

47. 压型是指（　　）。

(A)把胶料制成一定厚度和宽度的胶片

(B)在作为制品结构骨架的织物上覆上一层薄胶

(C)胶片上压出某种花纹

(D)胶片与胶片、胶片与挂胶织物的贴合等作业

48. 按机头的结构分,挤出机头的类型有芯型机头和(　　)。

(A)直角机头　　　　(B)斜角机头　　　　(C)直向机头　　　　(D)无芯型机头

49. 通用(万能)压延机兼有压片和擦胶两种压延机的作用,各辊的速比(　　)。

(A)固定　　　　(B)相同　　　　(C)可以改变　　　　(D)不一定

50. 擦胶压延机用于纺织物的擦胶,一般为三辊,各辊间的速度要求(　　)。

(A)有一定的速比　　　　(B)相同　　　　(C)可调节　　　　(D)不一定

51. 按与螺杆的相对位置分,机头的类型有直向机头、直角机头和(　　)。

(A)斜角机头　　　　(B)有芯型机头　　　　(C)无芯型机头　　　　(D)中压机头

52. 在开炼混炼中,胶片厚度约(　　)处的紧贴前辊筒表面的胶层,称为"死层"。

(A)1/2　　　　(B)1/3　　　　(C)1/4　　　　(D)1/5

53. 塑炼温度是影响密炼机塑炼效果好坏的主要因素,随着塑炼温度降低胶料可塑度(　　)。

(A)几乎按比例减小　　　　(B)不变　　　　(C)增加　　　　(D)不定

54. 挂胶帘布可提高纺织物的(　　),以保证制品具有良好的使用性能。

(A)防水性　　　　(B)可燃性　　　　(C)可塑性　　　　(D)柔软性

55. 塑炼会造成橡胶分子量(　　)。

(A)增大　　　　(B)减小　　　　(C)不变　　　　(D)不一定

56. 开炼机轴承采用滑动轴承,轴衬用青铜或尼龙制造,它们的润滑方式各不相同。其中青铜轴衬的滑动轴承(　　)润滑油消耗量。

(A)节省　　　　(B)不变　　　　(C)增加　　　　(D)不一定

57. 纺织物挂胶采用(　　)方式在纺织物上挂上一层薄胶。

(A)单辊压延机压型　　　　　　　　(B)两辊压延机压型

(C)三辊压延机压型　　　　　　　　(D)都不是

58. 开炼机炼胶时补强、填充剂加入后(　　)。

(A)应立即加入液体软化剂　　　　(B)基本吃尽后再加入液体软化剂

(C)完全吃尽后再加入液体软化剂　　　　(D)不需要加入液体软化剂

59. 胶料经热炼后(　　)。

(A)能进一步提高配合剂分散均匀性　　　　(B)会降低配合剂分散均匀性

(C)不影响配合剂分散均匀性　　　　(D)不确定

60. 轮胎的胎侧胶料主要要求(　　)。

(A)耐磨、耐刺穿、耐撕裂　　　　(B)耐屈挠、耐疲劳

(C)耐屈挠、耐疲劳、耐磨　　　　(D)耐磨、耐撕裂

61. 混炼效果比较好的方法是(　　)。

(A)开炼机法　　　　(B)压延法　　　　(C)螺杆挤出机法　　　　(D)密炼机法

62. 由于橡胶具有弹性(　　),当含胶率较高时,压延后的花纹易变形。

(A)韧性　　　　(B)复原性　　　　(C)可塑性　　　　(D)分散性

63. 开炼机炼胶时每批配合剂加入后应(　　)。

(A)立即割胶以便能迅速吃入　　　　(B)基本吃尽后再割胶

(C)完全吃尽后再割胶 (D)吃尽后不需割胶

64. 水性胶浆可达到（　　）的保存期。

(A)60～120 天　　(B)40～60 天　　(C)20～40 天　　(D)10～30 天

65. 浸胶时在浸胶区发生停机时要注意的事项有（　　）。

(A)冷却下片 (B)将胶水抽回各自的桶里

(C)排胶、压片 (D)翻炼、压片

66. 浸胶区发生断纸时要注意清理的是（　　）。

(A)单动上涂辊和单动下涂辊 (B)单动下涂辊和轮轴部位

(C)皮带轮或齿轮处 (D)轮轴部位

67. 线绳着浆过少,反应产物量即附胶量达不到规定值,从而影响线绳与橡胶间的（　　）态黏合。

(A)动　　　　　(B)静　　　　　(C)液　　　　　(D)固

68. 橡胶具有弹性复原性,当含胶率（　　）时,压延后的花纹易变形。

(A)无变化　　　(B)适中　　　　(C)较高　　　　(D)较低

69. 压型制品对胶料的（　　）和工艺条件有特别的要求。

(A)混炼　　　　(B)塑炼　　　　(C)配方　　　　(D)分散度

70. 压型制品要求花纹清晰,（　　）,胶料致密。

(A)温度一致　　(B)尺寸准确　　(C)形状可变　　(D)延展性好

71. 压型的工艺要点与（　　）大致相同。

(A)压延　　　　(B)成型　　　　(C)硫化　　　　(D)压片

72. 若胶料的可塑度（　　）,混炼时配合剂不易混入,混炼时间会加长,压出半成品表面不光滑。

(A)过高　　　　(B)过低　　　　(C)不均匀　　　(D)过快

73. 橡胶硫化大都是加热加压条件下完成的。加热胶料需要一种能传递热能的物质,称为（　　）。

(A)硫化剂　　　(B)硫化促进剂　(C)硫化活性剂　(D)硫化介质

74. 大型工厂多采用（　　）压延机进行压型。

(A)单辊　　　　(B)两辊　　　　(C)三辊　　　　(D)均可以

75. 压型是指将热炼后的胶料压制成具有一定的（　　）的胶片的工艺。

(A)钢丝用胶 (B)表面具有某种花纹

(C)帘布刮胶 (D)钢丝挂胶

76. 密炼机混炼工艺的缺点是（　　）。

(A)自动化程度高 (B)药品飞扬损失少

(C)混炼胶质量均匀 (D)排胶不规则

77. 原材料天然胶的内部温度不得低于（　　）。

(A)80 ℃　　　　(B)60 ℃　　　　(C)20 ℃　　　　(D)40 ℃

78. 可以用压型工艺制作的半成品有（　　）。

(A)胶鞋鞋底　　(B)混炼胶片　　(C)帘布刮胶　　(D)钢丝挂胶

79. 压延时有适量的积存胶可使胶片（　　）密实程度。

(A)未定　　　　　　　(B)不变　　　　　　　(C)提高　　　　　　　(D)降低

80. 橡胶的加工的过程有塑炼、混炼、压延、压出、成型、(　　　)。

(A)塑化　　　　　　　(B)硫化　　　　　　　(C)打磨　　　　　　　(D)锻压

81. 天然橡胶是(　　　)、非极性、具有自补强性能橡胶。橡胶中综合性能最好的,它具有弹性高、强度高、加工性能好,但它耐老化性差,耐非极性溶剂性差。

(A)饱和　　　　　　　(B)基本饱和　　　　　(C)不饱和　　　　　　(D)以上答案均不正确

82. 压延时有适量的积存胶有利于(　　　)胶片内部气泡。

(A)未定　　　　　　　(B)不变　　　　　　　(C)减少　　　　　　　(D)增大

83. 压延时有适量的积存胶可使胶片压延效应(　　　)。

(A)未定　　　　　　　(B)不变　　　　　　　(C)减少　　　　　　　(D)增大

84. 压延时有适量的积存胶可使胶片(　　　)。

(A)焦烧　　　　　　　(B)有皱缩　　　　　　(C)表面粗糙　　　　　(D)表面光滑

85. 凡能提高硫化橡胶的拉断强度、定伸强度、耐撕裂强度、耐磨性等物理机械性能的配合剂,均称为(　　　)。

(A)促进剂　　　　　　(B)补强剂　　　　　　(C)活化剂　　　　　　(D)硫化剂

86. 压延时无积胶法适用于(　　　)。

(A)三元乙丙橡胶　　　(B)氯丁橡胶　　　　　(C)天然橡胶　　　　　(D)丁苯橡胶

87. 压延时有积胶法适用于(　　　)。

(A)三元乙丙橡胶　　　(B)氯丁橡胶　　　　　(C)天然橡胶　　　　　(D)丁苯橡胶

88. 四辊压延压片时的辊筒存胶方式,常用的有(　　　)。

(A)中、下辊不积胶　　　　　　　　　　　　(B)中、上辊积胶

(C)中、下辊有积胶轴　　　　　　　　　　　(D)不需积胶

89. 浸胶区如遇停机的主要事项有(　　　)。

(A)将 pH 值调回至 8　(B)冷却下片　　　　　(C)排胶、压片　　　　(D)翻炼、压片

90. 辊筒存胶方式,压片时常用的有(　　　)。

(A)开炼机两辊不积胶　　　　　　　　　　　(B)四辊压延不积胶

(C)中、下辊有积胶轴　　　　　　　　　　　(D)不需积胶

91. 为使胶片在辊筒间顺利转移,各辊应有一定的(　　　)。

(A)挠度　　　　　　　(B)温差　　　　　　　(C)轴交叉　　　　　　(D)变形

92. 橡胶和橡胶制品在加工、储存或使用过程中,因受外部环境因素的影响和作用,出现性能逐渐变坏,直至丧失使用价值的现象称为(　　　)。

(A)氧化　　　　　　　(B)硫化　　　　　　　(C)老化　　　　　　　(D)焦烧

93. 汽油浆主要成分是(　　　)。

(A)天然橡胶和汽油　　(B)乳胶和汽油　　　　(C)乳胶和水　　　　　(D)聚乙烯醇和水

94. 压延机最主要的工作部件是(　　　)。

(A)调距装置　　　　　(B)辊筒　　　　　　　(C)电传动装置　　　　(D)机架与轴承

95. 压延工艺中,胶料可以在压延机辊筒的挤压力作用下发生(　　　)流动和变形。

(A)塑性　　　　　　　(B)柔性　　　　　　　(C)刚性　　　　　　　(D)永久性

96. 压延工艺是以(　　　)过程为中心的联动流水作业形式。

(A)成型　　　　　(B)硫化　　　　　(C)压延　　　　　(D)挤出

97. 压延过程中,可塑度大,流动性好,半成品表面光滑,压延收缩率(　　)。

(A)高　　　　　(B)低　　　　　(C)一般　　　　　(D)不确定

98. 纺织物干燥程度过大会损伤纺织物,并会使合成纺织物变硬,强度(　　)。

(A)升高　　　　　(B)不变　　　　　(C)不确定　　　　　(D)降低

99. 发现帘布打褶或其他情况应该(　　)。

(A)立刻停车　　　　　(B)继续压延　　　　　(C)报告领导　　　　　(D)无所谓

100. 下列关于压延机安全操作规程的叙述,错误的是(　　)。

(A)送料用拳头推,不准用手指　　　　　(B)塞料不准戴手套

(C)塞料过程应开快速车挡　　　　　(D)测厚时手应离开托辊 60 cm

101. 为便于存放和下工序使用,经压延冷却的帘布要进行(　　)。

(A)裁切　　　　　(B)堆放　　　　　(C)叠放　　　　　(D)卷取

102. 纺织物因含水率较高,故需进行干燥处理。若干燥程度过大会损伤纺织物,并会使合成纺织物变(　　),强度降低。

(A)硬　　　　　(B)软　　　　　(C)不变　　　　　(D)视织物材质而定

103. 帘布压延过程中,要适时用(　　)对帘布厚度进行测量。

(A)游标卡尺　　　　　(B)钢板尺　　　　　(C)螺旋测微仪　　　　　(D)测厚仪

104. 红外加热干燥装置中,涂胶布通过上下和两侧安装(　　)的干燥室,对半成品加热,使其干燥。

(A)日光灯　　　　　(B)白炽灯　　　　　(C)红外灯　　　　　(D)强光灯

105. 纺织物擦胶压延一般在三辊压延机上进行,下辊缝(　　)。

(A)供胶　　　　　(B)擦胶　　　　　(C)挤胶　　　　　(D)不确定

106. 与光擦法相比,包擦法的耗胶量(　　)。

(A)相同　　　　　(B)少　　　　　(C)不确定　　　　　(D)多

107. 下列关于压延工序的叙述错误的是(　　)。

(A)三辊压延机一般采用离合器调节

(B)压延速率主要通过改变调速电机的转速进行调节

(C)启动压延主机时应从低速开始,逐渐提高到正常工作速率

(D)调距换向时,不需要等待电机停转就可以反向启动

108. 手动测厚仪主要用于压延速率(　　)的帘布压延生产,应采用多点测量,尽量缩短测量间隔的时间。

(A)慢　　　　　(B)快　　　　　(C)随意　　　　　(D)不确定

109. 纺织物擦胶压延一般在三辊压延机上进行,上辊缝(　　)。

(A)供胶　　　　　(B)擦胶　　　　　(C)挤胶　　　　　(D)不确定

110. 卷取的小卷帘布,垫布的头和尾要分别留有(　　)左右的垫布。

(A)3 m　　　　　(B)2.5 m　　　　　(C)2 m　　　　　(D)1.5 m

111. 胶帘布裁断检查的质量标准中,接头出角应小于(　　)。

(A)3 mm　　　　　(B)4 mm　　　　　(C)5 mm　　　　　(D)6 mm

112. 裁断时,严禁用手试刀,手和刀要保持(　　)以上的距离。

(A)50 mm　　　　　(B)100 mm　　　　　(C)150 mm　　　　　(D)200 mm

113. 在一张帘布上取长度方向间隔大于 200 mm 的位置测量三次宽度,取(　　)。

(A)最小值　　　　　(B)最大值　　　　　(C)中值　　　　　(D)平均值

114. 裁断完毕的胶帘布表面不允许有劈缝、露白、弯曲和褶子等质量缺陷,但允许有轻微劈缝,其间距不大于(　　)帘线。

(A)1 根　　　　　(B)2 根　　　　　(C)3 根　　　　　(D)4 根

115. 压延后的胶帘布停放时间最多不能超过(　　)时间。

(A)25 天　　　　　(B)35 天　　　　　(C)45 天　　　　　(D)50 天

116. 一般口型尺寸约为螺杆直径的(　　)。

(A)0.1～0.3　　　　　(B)0.3～0.75　　　　　(C)0.5～0.85　　　　　(D)0.6～0.95

117. 在开炼机混炼下片后,胶片温度在(　　)以下,方可叠层堆放。

(A)35 ℃　　　　　(B)40 ℃　　　　　(C)45 ℃　　　　　(D)50 ℃

118. 胶料含胶量低或弹性(　　)时,压延时辊温应较高。

(A)无要求　　　　　(B)适度　　　　　(C)小　　　　　(D)大

119. 增加胶料与纺织物间的结合强度,提高纤维的耐疲劳性能的是(　　)。

(A)烘干　　　　　(B)刮浆　　　　　(C)制浆　　　　　(D)浸胶

120. 浸胶是为了增加胶料与纺织物间的(　　),提高纤维的耐疲劳性能。

(A)结合强度　　　　　(B)硬度　　　　　(C)张力　　　　　(D)颜色

121. 纺织物的预加工包括纺织物的(　　)和烘干。

(A)压延　　　　　(B)浸胶　　　　　(C)刮浆　　　　　(D)制浆

122. 对各种形式的压延成型,可塑性的要求是(　　)。

(A)无　　　　　(B)不一定　　　　　(C)相同　　　　　(D)不同

123. 烘胶房中,生胶与热源的距离应大于(　　)。

(A)30 cm　　　　　(B)40 cm　　　　　(C)50 cm　　　　　(D)60 cm

124. 要求胶料有较高的可塑度的是(　　)。

(A)压出　　　　　(B)压型　　　　　(C)成型　　　　　(D)擦胶

125. 与人造丝相比,尼龙帘布纤维极性(　　),疏水性较大,表面更光滑。

(A)大　　　　　(B)小　　　　　(C)相当　　　　　(D)不确定

126. 在开炼机上破胶辊距为(　　)。

(A)1.5～2 mm　　　　　(B)2～2.5 mm　　　　　(C)2.5～3 mm　　　　　(D)3～3.5 mm

127. 下列设备不属于粉碎机械的是(　　)。

(A)刨片机　　　　　(B)球磨机　　　　　(C)裁断机　　　　　(D)砸碎机

128. 要求胶料可塑度适中的压延方式是(　　)。

(A)压出　　　　　(B)压型　　　　　(C)贴胶　　　　　(D)擦胶

129. 洗胶机与开炼机结构不同之处在(　　)上。

(A)外形　　　　　(B)冷却装置　　　　　(C)传动系统　　　　　(D)辊筒

130. 压延前胶料的热炼主要是进一步提高胶料的均匀性和(　　)。

(A)温度　　　　　(B)挺性　　　　　(C)可塑性　　　　　(D)硬度

131. 切胶前,应将胶料预热至(　　)左右。

(A)20 ℃　　　　　　(B)25 ℃　　　　　　(C)30 ℃　　　　　　(D)40 ℃

132. 压延用的胶料首先要在开炼机上进行(　　)。

(A)塑炼　　　　　　(B)混炼　　　　　　(C)翻炼　　　　　　(D)破胶

133. 下列工艺要求中等的可塑度的是(　　)。

(A)挤出　　　　　　(B)模压　　　　　　(C)压延　　　　　　(D)擦胶

134. 开炼机塑炼是借助(　　)作用,使分子链被扯断,而获得可塑度的。

(A)辊筒的挤压力和剪切力　　　　　(B)辊筒的撕拉作用

(C)辊筒的剪切力和撕拉作用　　　　(D)辊筒的挤压力、剪切力和撕拉作用

135. 一般开炼机前后辊的速比是(　　)。

(A)1∶1.00~1∶1.05　　　　　(B)1∶1.05~1∶1.15

(C)1∶1.15~1∶1.27　　　　　(D)1∶1.27~1∶1.35

136. 按机头用途不同分,机头的类型有内胎机头、胎面机头和(　　)。

(A)斜角机头　　　　(B)有芯型机头　　　(C)电缆机头　　　　(D)中压机头

137. 薄通塑炼的辊距为(　　)。

(A)0~0.5 mm　　　(B)0~1 mm　　　　(C)0.5~1 mm　　　(D)0.5~1.5 mm

138. 橡胶的压延生产线上的附属设备有(　　)。

(A)压胶装置　　　　(B)冷凝装置　　　　(C)扩布器　　　　　(D)裁断装置

139. 钢丝压延机用于钢丝帘布的贴胶,一般为(　　)。

(A)三辊　　　　　　(B)四辊　　　　　　(C)两辊　　　　　　(D)五辊

140. 机头对不同的挤出工艺,其作用与结构(　　)。

(A)无规律　　　　　(B)不一定　　　　　(C)相同　　　　　　(D)不相同

141. 混炼不好,受影响最大的工序是(　　)。

(A)备料　　　　　　(B)滤胶　　　　　　(C)成型　　　　　　(D)挤出

142. 压型压延机用于制造表面有花纹或有一定断面形状的胶片,其中(　　)辊筒表面刻有花纹或沟槽。

(A)一个　　　　　　(B)四个　　　　　　(C)两个　　　　　　(D)三个

143. 开炼机规格用辊筒工作部分的(　　)和长度来表示。

(A)直径　　　　　　(B)半径　　　　　　(C)周长　　　　　　(D)质量

144. 熔体破碎是一种不稳定(　　)现象。

(A)流动　　　　　　(B)压延　　　　　　(C)挤出　　　　　　(D)老化

145. 熔体破碎是指挤出物(　　)出现凹凸不平,外形畸变支离断裂。

(A)分子链　　　　　(B)交联键　　　　　(C)表面　　　　　　(D)内部

146. 熔体破碎是(　　)产生破坏的现象。

(A)内部　　　　　　(B)外部　　　　　　(C)内部和外部　　　(D)以上都错

147. 鲨鱼皮症是发生在(　　)熔体流柱表面上的一种缺陷现象。

(A)硫化件　　　　　(B)成型物　　　　　(C)压延物　　　　　(D)挤出物

148. 鲨鱼皮症其特点是在(　　)表面形成很多细微的皱纹,类似于鲨鱼皮。

(A)硫化件　　　　　(B)成型物　　　　　(C)压延物　　　　　(D)挤出物

149. 管子进口端与出口端与聚合物液体弹性行为有关的现象称为(　　)。

(A)端末效应　　　　(B)压延效应　　　　(C)硫化效应　　　　(D)注射效应

150. 螺杆的主要参数有(　　)。

(A)长径比　　　　(B)滤网　　　　(C)分流器　　　　(D)机颈

151. 仪表按信号可分为模拟仪表和(　　)。

(A)压力仪表　　　　(B)自动化仪表　　　　(C)数字仪表　　　　(D)其他

152. 随着电子技术发展,表传动机构的间隙,运动部件的摩擦,弹性元件的滞后等影响将越来越少,特别是智能仪表中,(　　)作为仪表性能指标已是不重要的对象。

(A)精确度　　　　(B)可靠性　　　　(C)重复性　　　　(D)变差

153. 仪表在外部条件保持不变情况下,被测参数由小到大变化和由大到小变化不一致的程度,两者之差即为仪表的(　　)。

(A)精确度　　　　(B)可靠性　　　　(C)重复性　　　　(D)变差

154. 质量概念涵盖的对象是(　　)。

(A)产品　　　　　　　　　　　(B)服务

(C)过程　　　　　　　　　　　(D)一切可单独描述和研究的事物

155. PDCA 循环中 P 表示(　　)。

(A)计划　　　　(B)执行　　　　(C)检查　　　　(D)行动

三、多项选择题

1. 挤出机具有的优点有(　　)。

(A)补充混炼和热炼程度　　　　　　(B)灵活机动性大

(C)可压出各种尺寸、断面形状半成品　　(D)使胶料质量更致密

2. 挤出机螺杆按螺纹分为(　　)。

(A)单头　　　　(B)双头　　　　(C)三头　　　　(D)四头

3. 挤出机机身为中空圆筒,一般通入(　　)。

(A)导热油　　　　(B)氮气　　　　(C)冷却水　　　　(D)蒸汽

4. 挤出机由(　　)组成。

(A)机头　　　　(B)机身　　　　(C)炼胶机　　　　(D)螺杆

5. 工艺操作对挤出膨胀的影响因素有(　　)。

(A)压出方法　　　　　　　　　(B)半成品规格

(C)挤出温度　　　　　　　　　(D)胶料在口型中停留的时间

6. 压出胶料断面变形的特点是(　　)。

(A)中间小　　　　(B)中间大　　　　(C)边缘小　　　　(D)边缘大

7. 厚制品挤出生产流程有(　　)。

(A)热炼　　　　(B)挤出　　　　(C)冷却　　　　(D)裁断

8. 热喂料挤出热炼包括(　　)。

(A)粗炼　　　　(B)混炼　　　　(C)细炼　　　　(D)塑炼

9. 橡胶制品硫化都需要施加压力,其目的是(　　)。

(A)防止胶料气泡的产生,提高胶料的致密性　　(B)使胶料流动、充满模型

(C)提高附着力,改善硫化胶物理性能　　　　(D)加快硫化速度

10. 密炼机混炼的影响因素有(　　)、混炼温度、混炼时间等,还有设备本身的结构因素,主要是转子的几何构型。

(A)装胶容量　　　　　(B)加料顺序　　　　(C)上顶拴压力　　　(D)转子转速

11. 常用的硫化介质有(　　)、氮气及其他固体介质等。

(A)饱和蒸汽　　　　　(B)过热蒸汽　　　　(C)过热水　　　　　(D)热空气

12. 炭黑按作用分类有以下两种(　　)。

(A)炉法炭黑　　　　　(B)软质炭黑　　　　(C)硬质炭黑　　　　(D)新工艺炭黑

13. 生胶与炭黑的混炼过程包括(　　)。

(A)结块阶段　　　　　(B)分散阶段　　　　(C)湿润阶段　　　　(D)过炼阶段

14. 橡胶混炼中添加的填充剂可起到(　　),改善加工性能的作用。

(A)增大体积　　　　　(B)防焦烧　　　　　(C)降低成本　　　　(D)提高硫化速度

15. 组成活化体系的氧化锌和硬脂酸在硫黄硫化体系功能有(　　)。

(A)活化整个硫化体系　　　　　　　　　(B)提高硫化胶的交联密度
(C)提高硫化胶的耐热老化性能　　　　　(D)具有防焦剂的功能

16. 混炼胶中常用的填充剂有(　　)。

(A)陶土　　　　　　　(B)硫黄　　　　　　(C)天然胶　　　　　(D)碳酸钙

17. 硫化胶的性能取决于橡胶本身的(　　)。

(A)结构　　　　　　　(B)交联键的类型　　(C)弹性　　　　　　(D)交联密度

18. 在硫化体系中添加的促进剂,应具备的条件是(　　)。

(A)焦烧时间长,操作安全　　　　　　　(B)硫化平坦性好
(C)热硫化速度快,硫化温度低　　　　　(D)以固体形态存在于常温中

19. 橡胶补强剂能使硫化胶的(　　)获得明显的提高。

(A)拉伸强度　　　　　(B)撕裂强度　　　　(C)耐磨耗性　　　　(D)硫化速度

20. 二次浸胶区发生停机时事项有(　　)。

(A)将胶水抽回各自的桶里　　　　　　　(B)冷却下片
(C)翻炼、压片　　　　　　　　　　　　(D)清洗胶管、胶辊

21. 浸胶区发生断纸时要注意清理(　　)。

(A)二次抹平辊　　　　　　　　　　　　(B)单动下涂辊和轮轴部位
(C)第一段烘箱内断纸　　　　　　　　　(D)刮边器

22. 浸胶时出现打折的原因有(　　)。

(A)设计工艺有问题　　　　　　　　　　(B)纬丝收缩不匀
(C)转产时,前后工艺变化大,修改太急　(D)轻型布和重型布之间直接相连

23. 压延辊温会影响(　　)。

(A)胶料可塑度　　　　(B)混炼分散度　　　(C)包辊性能　　　　(D)胶料的流动性能

24. 压延使用的胶料特点有(　　)。

(A)焦烧危险性小　　　　　　　　　　　(B)胶层无气泡
(C)胶面应光滑,收缩变形小　　　　　　(D)胶料的包辊性、流动性适当

25. 挤出胶料的一般要求(　　)。

(A)有足够长的门尼焦烧时间　　　　　　(B)胶料宜有较小的弹性变形

(C)无外来杂质颗粒　　　　　　　　　　　(D)水分及挥发物含量尽可能低

26. 下面描述挤出效应错误的是(　　　)。

(A)宽度增加　　　　　(B)宽度减小　　　　　(C)长度减小　　　　　(D)长度增加

27. 水性胶浆的特点有(　　　)。

(A)复合性好　　　　　(B)节约能源　　　　　(C)减少浪费　　　　　(D)易挥发

28. 水性胶浆分为(　　　)。

(A)不硫化胶浆　　　　(B)生胶浆　　　　　(C)硫化浆　　　　　(D)混炼胶浆

29. 混炼胶浆含有(　　　)。

(A)硫化剂　　　　　(B)生胶浆　　　　　(C)硫化浆　　　　　(D)促进剂

30. 水性胶浆(　　　)。

(A)硫化前的黏着力大　　　　　　　　　　(B)硫化后的黏结强力大

(C)硫化前的黏着力小　　　　　　　　　　(D)硫化后的黏结强力小

31. 帘布种类通常是以(　　　)为依据来区分的。

(A)帘线密度　　　　　(B)帘线厚度　　　　　(C)帘线强度　　　　　(D)帘线材质

32. 压延机主要由(　　　)等构成。

(A)辊筒　　　　　(B)调距装置　　　　　(C)辅助装置　　　　　(D)机架与轴承

33. 压延准备工艺过程中,供胶方法主要有(　　　)。

(A)螺杆旋出供胶　　　(B)输送带供胶　　　　(C)手工供胶　　　　(D)自动供胶

34. 热炼一般在热炼机上进行,也有的采用(　　　)完成。

(A)螺杆挤出机　　　　(B)成型机　　　　　(C)开炼机　　　　　(D)连续混炼机

35. 压延干燥装置一般包括(　　　)。

(A)热板加热　　　　　(B)排管加热　　　　　(C)转鼓加热　　　　　(D)红外线加热

36. 玻璃纤维帘布浸胶前要经过两步处理,以提高其(　　　)。

(A)附着力　　　　　(B)曲挠力　　　　　(C)剪切力　　　　　(D)抗拉力

37. 纺织物挂胶方法主要有(　　　)。

(A)贴胶　　　　　(B)补胶　　　　　(C)压力贴胶　　　　　(D)擦胶

38. 常见的有机短纤维有(　　　)。

(A)木制素短纤维　　　(B)锦纶短纤维　　　　(C)涤纶短纤维　　　　(D)棉短纤维

39. 贴胶、擦胶的基本要求是(　　　)。

(A)胶与布之间的附着力要大　　　　　　　(B)胶的渗透性要好

(C)胶层厚薄一致　　　　　　　　　　　(D)胶层不得有焦烧现象

40. 通常工业上应用的涂胶干燥装置有(　　　)。

(A)返回式　　　　　(B)卧式　　　　　(C)转鼓式　　　　　(D)立式

41. 涂胶操作时常见的质量问题包括(　　　)。

(A)布面污点　　　　　(B)皱纹　　　　　(C)气泡　　　　　(D)厚度不均

42. 擦胶中常见的质量问题有(　　　)。

(A)掉皮　　　　　(B)露白　　　　　(C)焦烧　　　　　(D)上辊

43. 开炼机塑炼的缺点是(　　　)。

(A)卫生条件差　　　　(B)劳动强度大　　　　(C)可塑性均匀　　　　(D)生产效率低

44. 影响浸胶线绳质量的主要技术因素（   ）。

(A)捻线工艺参数　　　　　　　　　　(B)一浸液和二浸液的配方及配制

(C)浸胶的工艺　　　　　　　　　　　(D)浸胶设备的设计与制作

45. 浸胶过程中通过（   ）方式保证含胶量的准确。

(A)调节浸渍温度和时间　　　　　　　(B)改变纱束疏密和出纱速度

(C)控制缠绕张力、刮胶　　　　　　　(D)对涤纶原丝进行活化处理

46. 根据缠绕时树脂基体所处的化学物理状态不同，缠绕工艺可分为（   ）。

(A)混合法　　　　(B)干法　　　　(C)湿法　　　　(D)半干法

47. 浸胶、刮浆时影响线绳强力的因素（   ）。

(A)捻度　　　　(B)胶料的配方　　　(C)线绳质量的尺度 (D)浸胶的工艺

48. 压片时的辊筒存胶方式,常用的有（   ）。

(A)中、下辊不积胶　　　　　　　　　(B)四辊压延中上辊积胶

(C)中、下辊有积胶轴　　　　　　　　(D)不需积胶

49. 压延时采用有积胶法不适用于（   ）。

(A)三元乙丙橡胶　　　(B)氯丁橡胶　　　(C)天然橡胶　　　(D)丁苯橡胶

50. 浸胶区停机事项是（   ）。

(A)将胶水抽回各自的桶里　　　　　　(B)冷却下片

(C)清洗胶管、胶辊和胶盆　　　　　　(D)翻炼、压片

51. 混炼胶质量快检有（   ）。

(A)可塑度测定或门尼黏度的测定　　　(B)门尼焦烧

(C)密度测定　　　　　　　　　　　　(D)硬度测定

52. 下列属于帘布裁断工艺参数的有（   ）。

(A)裁断角度　　　　(B)裁断刀速　　　(C)使用风压　　　(D)帘布型号

53. 帘布裁断常使用的工具有（   ）。

(A)卷尺　　　　(B)剪刀　　　　(C)油壶　　　　(D)量角器

54. 帘布裁断交接班时需（   ）。

(A)核对大帘布卷的规格型号　　　　　(B)核对作业计划和施工标准

(C)调好角度　　　　　　　　　　　　(D)定好宽度尺寸

55. 裁断接头描述对的是（   ）。

(A)大头小尾:<6 mm　　　　　　　　(B)大头小尾:<4 mm

(C)接头出角:<3 mm　　　　　　　　(D)接头出角:<6 mm

56. 裁断机点检内容有（   ）。

(A)确认设备运转是否正常　　　　　　(B)安全装置逐一确认,是否有效

(C)是否有漏油现象,防止油污黏附材料上 (D)裁断刀定期更换

57. 小卷帘布卷曲作业注意事项有（   ）。

(A)卷取时确保材料对中　　　　　　　(B)使用垫布宽度要比材料宽50 mm以上

(C)卷取时垫布尾端要留有1 m以上　　(D)垫布要保证无异物、破损,防止粘连

58. 小卷帘布存放要求有（   ）。

(A)整齐叠放　　　　　　　　　　　　(B)现场要求干燥、洁净

(C)存放时按照先入先出原则执行　　　　　　(D)材料不能裸露在外

59. 裁断环境要求的工艺条件正确的是(　　　)。

(A)温度(23±5)℃　　　　(B)温度(33±5)℃　　(C)湿度50%以下　　(D)湿度70%以下

60. 钢丝圈制造的外观要求有(　　　)。

(A)不露钢丝　　　　　　(B)无变形　　　　　　(C)无缺胶　　　　　(D)排列整齐

61. 缠绕钢丝圈的要求(　　　)。

(A)可以重叠　　　　　　　　　　　　　　(B)不能重叠

(C)只允许在外径上接头　　　　　　　　　(D)不允许接头

62. 钢丝圈压出后的操作要求有(　　　　　)。

(A)割胶条时允许用脚踏胶　　　　　　　(B)胶条可在地上整齐拉直

(C)胶料不准落地　　　　　　　　　　　(D)钢丝圈不准落地

63. 成型好的钢丝圈存放要求有(　　　　　)。

(A)质量追溯记录填写完整　　　　　　　(B)有生产卡片标识

(C)不允许混放　　　　　　　　　　　　(D)存放到钢圈小车上

64. 帘布裁断前需注意的事项有(　　　)。

(A)更换帘布时,不允许落地　　　　　　(B)存放时间最少8 h

(C)按顺序使用　　　　　　　　　　　　(D)检查使用帘布与施工标准一致

65. 钢丝帘布接头的要求有(　　　)。

(A)帘线接头出角:最多2 mm　　　　　　(B)开缝:最多1/2根钢丝帘线

(C)不允许重叠　　　　　　　　　　　　(D)接头要求对接

66. 贴合时定位精准可以对产品带来(　　　　)的影响。

(A)影响不大　　　　　　　　　　　　　(B)产品质量稳定

(C)使材料的质量分布均匀　　　　　　　(D)使材料的重量分布均匀

67. 压出工艺主要采用(　　　)方式。

(A)硫化　　　　　　　　　　　　　　　(B)成型

(C)双冷复合压出　　　　　　　　　　　(D)一冷一热双复合压出

68. 冷喂料压出工艺流程有(　　　)。

(A)胶片割条　　　　　　(B)自动定长裁断　　(C)收缩辊道　　　　(D)冷喂料

69. 胶料的热炼通常分为(　　　)。

(A)粗炼　　　　　　　　(B)细炼　　　　　　(C)供炼　　　　　　(D)混炼

70. 以下属于钢丝帘布的是(　　　)。

(A)钢丝胎圈　　　　　　　　　　　　　(B)钢丝子口包布

(C)带束层　　　　　　　　　　　　　　(D)全钢子午线轮胎的胎体

71. 帘布裁断机的主要装置有(　　　)。

(A)定长输送装置　　　　(B)修边装置　　　　(C)定中心装置　　　(D)帘布导开装置

72. 橡胶加工过程中的主要的物理变化有(　　　)。

(A)结晶　　　　　　　　(B)取向　　　　　　(C)降解　　　　　　(D)交联

73. 压出口型管理正确的是(　　　)。

(A)可以与水和汽的接触　　　　　　　　(B)较长时间不用的进行保护处理

(C)更换时,避免碰撞　　　　　　　　　　(D)专门的存放架

74. 橡胶加工过程中主要化学变化有(　　)。

(A)结晶　　　　(B)取向　　　　(C)降解　　　　(D)交联

75. 关于胶浆的管理描述正确的是(　　)。

(A)密闭存放

(B)在大批量生产时,每月末对胶浆槽内的余胶浆进行清理

(C)专桶存放

(D)专人专管

76. 钢丝帘布裁断的注意事项有(　　)。

(A)裁断的钢丝帘布卷取的边端要对齐

(B)裁断时要观察和检查钢丝帘布的质量

(C)覆贴的胶片,覆贴平整无褶、无气泡

(D)检查裁断头三刀的裁断宽度和角度及接头质量

77. 压延常用于生产(　　)。

(A)混炼　　　　(B)压型　　　　(C)贴胶　　　　(D)擦胶

78. 不属于影响压延质量的因素有(　　)。

(A)门尼黏度　　　　(B)塑炼　　　　(C)贴合　　　　(D)制胚

79. 压延效应是指(　　)。

(A)各向同性　　　　　　　　　　(B)纵横方向性能差异

(C)压延方向的拉伸强度大　　　　(D)尺寸稳定

80. 压延设备按用途分为(　　)。

(A)压片压延机　　　　　　　　　　(B)擦胶压延机

(C)通用(万能)压延机　　　　　　　(D)压型压延机

81. 压延机型号 XY-4Γ-1730 描述正确的是(　　)。

(A)XY 表示橡胶用压延机　　　　　(B)4Γ 表示 4 个辊筒排列为 Γ 型

(C)1730 表示辊筒工作部分长度　　　(D)4Γ 表示 4 个辊筒排列为 S 型

82. 压延胶料预热的目的是(　　)。

(A)提高胶料塑炼长度　　　　　　　(B)提高胶料的混炼程度

(C)提高胶料中填料分散热可塑性　　(D)提高胶料中填料分散的均匀性

83. 橡胶加工成型过程中影响结晶的主要因素有(　　)。

(A)冷却速率　　(B)熔融温度　　(C)熔融时间　　(D)应力作用

84. 压延胶片的冷却目的是(　　)。

(A)防止包辊　　　　　　　　　　(B)收缩一致

(C)使胶片恢复变形　　　　　　　(D)防止胶片产生自硫

85. 压型工艺要求(　　)。

(A)规格准确　　(B)花纹清晰　　(C)胶料密致　　(D)分散均匀

86. 对帘布压延的目的描述正确的是(　　)。

(A)起防护纺织材料的作用

(B)增加胶料的可塑度

(C)增加纺织材料的弹性、防水性

(D)使纺织物线与线、层与层之间紧密地合成一整体,共同承担外力的作用

87.帘布压延挂胶的方法有( )。

(A)贴胶　　　　　　(B)压力贴胶　　　　(C)擦胶　　　　　(D)挤出

88.压延擦胶可以用于生产( )。

(A)钢丝帘布　　　　(B)帆布　　　　　　(C)网格织布　　　　(D)塑料布

89.帘布挂胶的工艺条件有( )。

(A)辊距　　　　　　(B)辊速　　　　　　(C)辊温　　　　　(D)胶料的可塑度

90.仪表的性能指标通常用精度、变差和( )来描述。

(A)灵敏度　　　　　(B)重复性　　　　　(C)稳定性　　　　(D)可靠性

91.仪表按所使用能源可分为( )几种。

(A)气动仪表　　　　(B)电动仪表　　　　(C)液动仪表　　　　(D)数字仪表

92.橡胶流动行为具体包括( )。

(A)入口效应　　　　(B)出口膨胀效应　　(C)鲨鱼皮现象　　　(D)熔体破裂

四、判 断 题

1.热炼一般在热炼机上进行,也有的采用螺杆挤出机或连续混炼机完成。( )

2.压延时,胶料对辊筒有一个与挤压力作用大小相等,方向相反的径向反作用力称为横向力。( )

3.采用低温薄通方法的粗炼,就是以低辊温和大辊距对胶料进行加工,适当提高胶料的可塑性。( )

4.帘布裁断工艺中常用的接缝方法有对接和搭接。( )

5.二次浸胶区发生停机时要清洗机台及地面。( )

6.裁断时,如果发现帘布表面有局部露线,需要用胶片进行补贴,但对胶片的选择没有任何要求。( )

7.压延过程是胶料在压延机辊筒的挤压力作用下发生硫化的过程。( )

8.裁断后经卷取的帘布应挂有相应的流转卡片以示区别。( )

9.压延机开机前必须检查电源是否正常,空气压力是否足够。( )

10.压延后的帘布可以直接进行裁断。( )

11.卷取胶帘布的垫布允许有断头。( )

12.压延效应会影响要求各向异性的制品的质量,所以应该尽量设法减小。( )

13.热炼的作用只在于恢复热塑性,与胶料的流动性关系不大。( )

14.条状供胶过程中,输送带运转速度应该略小于辊筒线速度。( )

15.天然橡胶大分子的链结构单元是异戊二烯。( )

16.压延方式采用包擦时胶料的渗透好。( )

17.天然橡胶的综合性能是所有橡胶中最好的。( )

18.压延方式采用包擦时胶与纺织物附着力大。( )

19.硫化仪可以直观描绘出整个硫化过程的硫化曲线。( )

20.撕裂强度指试样被撕裂时,单位厚度所承受的负荷。( )

21. 橡胶制品在储存和使用一段时间以后,就会变硬、龟裂或发黏,以至不能使用,这种现象称之为"硫化"。（　　）

22. 分析天平可精确至 0.1 mg。（　　）

23. 热氧老化试验箱中的试样排列对试验结果没有影响。（　　）

24. 天然橡胶的弹性较高,在通用橡胶中仅次于顺丁橡胶。（　　）

25. 压延速度应视胶料的可塑性而定。（　　）

26. 丁苯橡胶是一种合成橡胶。（　　）

27. 丁苯橡胶的耐磨性优于天然橡胶。（　　）

28. 顺丁橡胶的耐寒性能在通用橡胶中是最好的。（　　）

29. 丁苯橡胶的抗疲劳寿命性能好于天然橡胶。（　　）

30. 一般天然橡胶成分中含非橡胶烃 8%～92%。（　　）

31. 拉伸性能试验试样裁切的方向没有要求。（　　）

32. 使用冲片机制样时,只能一次冲切,重切报废。（　　）

33. 橡胶检验测试中试样调节过程对最终结果影响较小。（　　）

34. 橡胶老化试验时,到规定时间取出的试样按 GB/T 2941 的规定进行环境调节最短时间为 16 h。（　　）

35. 橡胶检验测试中不同刀型所裁的试样,其试验结果没有可比性。（　　）

36. 一般填料粒径越细、结构度越高、填充量越大、表面活性越高,则混炼胶黏度越低。（　　）

37. 在胶料中主要起增容作用,即增加制品体积,降低制品成本的物质称为增黏剂。（　　）

38. 硫化体系包括硫化剂、硫化促进剂和硫化活性剂。（　　）

39. 使用填料的目的之一是增大容积,降低成本。（　　）

40. 蜡在混炼时起促进剂作用。（　　）

41. 能增加促进剂的活性,减少促进剂用量,缩短硫化时间,并可提高硫化强度的物质叫补强剂。（　　）

42. 在胶料中主要起增容作用,即增加制品体积,降低制品成本的物质称为填充剂。（　　）

43. 贴胶法易擦坏纺织物,故较适用于密度大的纺织物。（　　）

44. 擦胶法胶料对织物的渗透性差,影响胶料与织物的附着力。（　　）

45. 当胶料冷却时过量的硫黄会析出胶料表面形成结晶,这种现象称为"焦烧"。（　　）

46. 在一定条件下,对生胶进行机械加工,使之由强韧的弹性状态变为柔软而具有可塑性状态的工艺过程,称为混炼。（　　）

47. 压延后的胶片收缩变形要适当,胶料表面要光滑,不易产生气泡和针孔,不容易发生焦烧现象等。（　　）

48. 胎面表面打磨麻面的目的是增加接触面积。（　　）

49. 胎面压出变异系数等于压出后胎面胶尺寸除以压出口型尺寸。（　　）

50. 添加了硫黄的混炼胶加热后可制得塑性变形减小的,弹性和拉伸强度等诸性能均优异的制品,该操作称为硫化。（　　）

51. 硫化是橡胶工业生产加工的最后一个工艺过程。在这过程中,橡胶发生了一系列的

化学反应,使之变为立体网状的橡胶。(　　)

52. 一般纺织物的含水量在压延时应控制在 3%～5%。(　　)

53. 硫化是指橡胶的线型大分子链通过化学交联而构成三维网状结构的化学变化过程。
(　　)

54. 从理论上,胶料达到最大交联密度时的硫化状态称为正硫化。(　　)

55. 理想的橡胶硫化曲线硫化平坦期要长。(　　)

56. 影响浸胶因素有浸胶胶乳的组成和闪点。(　　)

57. 交联的形成和交联密度的增加都会降低滞后损耗,降低橡胶弹性。(　　)

58. 贴合用于制造质量要求较高,较厚胶片的产品。(　　)

59. 二次浸胶区发生停机时不要将洗机废水抽到废水桶里。(　　)

60. 二次浸胶区发生断纸时要注意清理单动上涂辊和单动下涂辊。(　　)

61. 浸胶车间不合格品很多,占总产量的 5%左右是浸胶打折(包折痕)布。(　　)

62. 橡胶配料产生的有害因素主要是炭黑粉尘、有机粉尘、氧化锌、高温。(　　)

63. 橡胶硫化产生的有害因素主要是硫化氢、二氧化硫、碲及其他化合物、高温。(　　)

64. 橡胶制浆产生的有害因素主要是氨、苯、甲苯、二甲苯、汽油、甲醛。(　　)

65. 胶辊辊芯处理产生的有害因素主要是矽尘、汽油。(　　)

66. 橡胶压延产生的有害因素主要是噪声。(　　)

67. 包铅硫化产生的有害因素主是铅尘、铅烟。(　　)

68. 通常热炼机和压延机的相对位置可以根据车间布局随意安置。(　　)

69. 压延后胶片会出现性能上的各向同性现象,称为压延效应。(　　)

70. 帘布裁断工艺中,使用量角器对裁断角进行测量。(　　)

71. 二次浸胶区发生断纸时要注意拿掉刮边器,贴好透明胶。(　　)

72. 卷取的小卷帘布,可以直接进行卷取,不需要对头尾进行预留。(　　)

73. 天然胶进行炼胶时如果时间长,则易产生过硫现象。(　　)

74. 炼胶时发现异常现象,可自行处理,然后继续作业。(　　)

75. 压延前需要烘干已浸胶的纺织物。(　　)

76. 快检试样在胶料三个不同部位取试样,才能全面反映胶料质量。(　　)

77. 口型设计要求有一定锥角,锥角越大则挤出压力越大,所得半成品致密性越好。
(　　)

78. 塑炼后和混炼后胶料冷却目的是相同的。(　　)

79. 天然胶进行炼胶时如果时间长,则易产生过炼现象。(　　)

80. 浸胶是为了增加胶料与纺织物间的张力。(　　)

81. 含水率过小会降低橡胶与纺织物的附着力。(　　)

82. 粗炼和细炼具体目的是相同的。(　　)

83. 挤出胶含胶率越高半成品膨胀收缩率越大。(　　)

84. 水性胶浆工艺上不适应于滴浆、拖浆、浸浆等形式。(　　)

85. 水性胶浆是以汽油为介质,毒害性小,复合性好。(　　)

86. 水性胶浆的黏度对胶浆流动性、湿润性、涂布等有重要影响。(　　)

87. 线绳浸胶处理,改善它与橡胶之间的黏合能力,但不能调整线绳的热收缩。(　　)

88. 线绳表面由于多余浆料造成的"斑点",不会影响线绳黏合力。（　　）

89. 二次浸胶区发生停机时要清洗胶管、胶辊和胶盆。（　　）

90. 二次浸胶区发生断纸时要注意打起上涂辊和上抹平辊。（　　）

91. 线绳吸收过多的浆料,渗入线绳的内部,不仅造成浆料的浪费,更会造成线绳的强力损失。（　　）

92. 缠绕胶管的成型,根据骨架结构分为纤维和钢丝两种。（　　）

93. 我国目前生产的吸引胶管,属于夹布结构的胶管,成型方法与软心法夹布胶管成型方法相同。（　　）

94. 硬芯法一般适用于内径小而要求严格、长度短的纤维线编织胶管。（　　）

95. 纤维缠绕胶管成型有硬芯法、软芯法和无芯法三种。（　　）

96. 编织机按结构形式不同分为纤维线编织机和钢丝编织机两种。（　　）

97. 纤维编织胶管成型,在编织前对内胶层表面应涂一遍适量的胶浆,以增加内胶层与编织线黏合力,然后干燥后再进行编织。（　　）

98. 处于正硫化前期的热硫化即欠硫化或后期的过硫化状态,硫化胶物性较差。（　　）

99. 橡胶是热的不良导体,它的表面与内层温差随断面增厚而加大。（　　）

100. 等效硫化时间是在不同压力条件下,经硫化获得相同硫化程度所需的时间。（　　）

101. 纺织物的预加工包括纺织物的刮浆和烘干。（　　）

102. 橡胶的疲劳老化及防护橡胶的疲劳老化是指在交变应力或应变作用下,使橡胶的物理机械性能逐渐变坏,以至最后丧失使用价值的现象。（　　）

103. 薄通塑炼的辊距在 1 mm 以下,胶料通过辊距后不包辊而直接落在接料盘上。（　　）

104. 压延成型的可塑性的要求是相同。（　　）

105. 二次浸胶区发生停机时要冷却下片。（　　）

106. 压延时胶料有较高的可塑度的是擦胶。（　　）

107. 压延时胶料可塑度适中的压延方式是压型。（　　）

108. 正硫化时间是一个范围,而不是一个点。平坦期越长,橡胶制品的物理机械性能越稳定。（　　）

109. 对大部分橡胶胶料,硫化温度每增加温度 10 ℃,硫化时间缩短1/2。（　　）

110. 压型可以生产制造胶鞋鞋底、车胎胎面的坯胶。（　　）

111. 压延时胶坯有较好的挺性的是成型。（　　）

112. 橡胶制品在储存和使用一段时间以后,就会变硬、龟裂或发黏,以至不能使用,这种现象称之为"硫化"。（　　）

113. 把各种配合剂和具有塑性的生胶,均匀地混合在一起的工艺过程,称为塑炼。（　　）

114. 覆盖胶胶片要求上一班压片当班贴合,存放时间最长不超过 12 h,如因故不能按时使用时,应回车。（　　）

115. 对生胶进行机械加工,使之由强韧的弹性状态变为柔软而具有可塑性状态的工艺过程,称为混炼。（　　）

116. 塑炼的目的就是便于加工制造。（　　）

117. 未硫化的橡胶低温下变硬,高温下变软。(　　　)

118. 橡胶配合体系包括硫化体系、填充体系、防护体系、软化体系四大部分。(　　　)

119. 压延时胶料可塑度低一些的是压型。(　　　)

120. 二次浸胶区发生停机时要将 pH 值调回至 8。(　　　)

121. 采用合理的加药顺序,使用可溶性硫黄都可减少喷硫现象。(　　　)

122. 挤出应用于制造轮胎胎面、内胎胎筒、纯胶管、胶管内外层胶和电线电缆等半成品。(　　　)

123. 对天然胶,最适宜的硫化温度为 143 ℃,一般不高于 180 ℃。(　　　)

124. 压出(挤出)是使高弹态的橡胶在挤出机机筒及机身的相互作用下,连续地制成各种不同形状半成品的工艺过程。(　　　)

125. 压延时胶料渗入纺织物的空隙中去的是压型。(　　　)

126. 热炼后胶料会变得柔软,易于后工序使用。(　　　)

127. 使胶料柔软易于压延的方式是混炼。(　　　)

128. 热炼主要是进一步提高胶料硬度。(　　　)

129. 压延用的胶料首先要在开炼机上进行混炼。(　　　)

130. 常用的硫化介质有饱和蒸汽、过热蒸汽、过热水、热空气等。(　　　)

131. 生胶塑炼的实质是使橡胶的大分子链断裂破坏。(　　　)

132. 在生产中所用的配方应包括:胶料的名称及代号、胶料的用途、各种配合剂的用量。(　　　)

133. 开炼机塑炼的工艺方法只有薄通塑炼法。(　　　)

134. 压延前的准备工艺有胶料的热炼和硫化剂的预加工。(　　　)

135. 橡胶制品硫化都需要施加压力,其目的是防止胶料气泡的产生。(　　　)

136. 热喂料压出工艺一般包括胶料热炼、压出、冷却、裁断及接取等工序。(　　　)

137. 聚合物有橡胶、纤维、树脂。(　　　)

138. 天然胶是由三叶橡胶树流出的胶乳,经浓缩、凝固加工而成的。(　　　)

139. 压型制品对胶料的配方和工艺条件无特别的要求。(　　　)

140. 干冷却辊是橡胶的压延生产线上的附属设备。(　　　)

141. 压延工艺不能够完成的作业形式是胶料的压型。(　　　)

142. 二次浸胶区发生停机时排胶、压片。(　　　)

143. 压出可以用于胶料的过滤和胶料的压片。(　　　)

144. 冷喂料压出工艺一般包括胶料热炼、压出、冷却、裁断及接取等工序。(　　　)

145. 生长在热带的橡胶树或橡胶草中分出的乳液,经过沉淀蒸发等加工以后制成的橡胶称为天然橡胶。(　　　)

146. 压延机主要由辊筒、机架与轴承、调距装置、辅助装置、电机传动装置以及厚度检测装置构成。(　　　)

147. 通常所说的帘布种类主要是依据帘线密度和帘线材质来区分的。(　　　)

148. 压延工艺是利用压延机辊筒的挤压力作用使胶料发生永久变形。(　　　)

149. 橡胶在成型加工过程中物料的混合过程一般是靠扩散、对流和剪切三种作用实现的。(　　　)

150. 单螺杆挤出机的基本结构主要包括五个部分,它们分别是:传动装置、加料装置、料筒、螺杆、机头口模。(　　　)

151. 橡胶在成型加工过程中主要应用的初混合设备包括双辊塑炼机、密炼机、挤出机等。(　　　)

152. 橡胶主要的混合塑炼设备包括捏合机、高速混合机、管道式捏合机等。(　　　)

153. 根据物料在螺杆中的变化特征将螺杆分为三个部分:传动装置、加料装置、料筒。(　　　)

154. 橡胶在成型加工过程中物料的混合过程一般是靠扩散、对流和剪切三种作用实现的。(　　　)

155. 挤出机的机头与口模的组成部件包括:过滤网、多孔板、分流器、模芯、口模和机颈等。(　　　)

156. 压延过程是胶料在压延机辊筒的挤压力作用下发生硫化的过程。(　　　)

157. 合成纤维织物必须通过浸胶后才能保证胶料和织物之间的结合强度。(　　　)

158. 尼龙帘布热收缩性大,为保证帘线尺寸稳定性,在压延前必须进行热伸张处理。(　　　)

五、简 答 题

1. 简述喷霜的原因。

2. 简述喷霜的补救措施。

3. 简述贴合工艺。

4. 橡胶的压延工序包括哪些?

5. 简述挤出的定义。

6. 简述压片压延机用途。

7. 简述挤出机结构的主要构成。

8. 什么叫焦烧?

9. 什么叫喷硫?

10. 简述热炼各阶段的差别。

11. 热炼分为哪几个阶段?

12. 影响浸胶工艺的因素有哪些?

13. 压延时如何降低纺织物含水率?

14. 简述什么是压延工艺。

15. 简述什么是胎圈成型工艺。

16. 举例说明压延积胶方法的适用范围。

17. 简述压型工艺。

18. 压型操作时如何保证花纹定型?

19. 压型时为什么要求胶料有一定的可塑性?

20. 简述橡胶产品领域,挤出的应用范围。

21. 简述纺织物挂胶工艺。

22. 简述挂胶帘布的用途。

23. 简述轮胎上骨架材料作用。

24. 帘线标识"1890D/2-24 EPI"中 1890 是什么意思？

25. 什么是捻度？

26. 什么是捻向？

27. 挤出机的主要技术参数有哪些？

28. 帘线标识方法中旦数(Denier)是什么意思？

29. 简述纤维帘布压延。

30. 简述挤出机的机筒主要作用。

31. 简述纤维布的标识方法。

32. 简述钢丝帘线的作用。

33. 简述钢丝帘线(N×F)×D 中 N、F、D 各自的意义。

34. 钢丝帘线的表示方法如"1×5×0.25"各个数字表示什么意思？

35. 简述挤出机螺杆的结构组成及各自作用。

36. 钢丝帘布四辊压延机生产线主要包括哪几部分？

37. 简述胶片压延。

38. 简述钢丝圈的制造。

39. 简述纤维布裁断流程。

40. 为什么压延后的钢丝附胶帘布要采用塑料垫布卷取？

41. 简述压延效应。

42. 什么叫贴胶？

43. 什么叫挤出口型膨胀？

44. 什么是胶浆？

45. 什么是水胶浆？

46. 胶浆的分类有哪些？

47. 胶浆按用途分为哪几类？

48. 简述非活化聚酯涤纶的活化处理工艺。

49. 压片时的辊筒存胶示意如图 1 所示，请指出(a)(b)(c)各为什么方式。

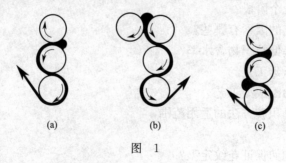

(a)　　　　　(b)　　　　　(c)

图 1

50. 什么是螺杆的压缩比？表示什么含义。

51. 指出图 2 中干燥机的两种结构各是什么形式。

52. 压延准备过程中的热炼工艺有哪些？

53. 什么是螺杆的长径比？

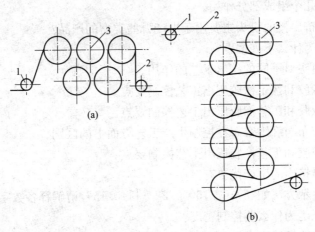

图 2

54. 低温薄通的方法一般被用于热炼,简述其含义。

55. 通常来说,压延胶布使用的纺织物主要有哪两种?

56. 挤出机的结构有哪几部分组成?

57. 挤出机的主要参数有哪些?

58. 什么是擦胶?

59. 辊距挠度的含义是什么?

60. 简述擦胶法中露白缺陷的含义及其原因。

61. 至少列举 3 种压延工艺能够完成的作业形式。

62. 经挂胶后的纺织物具有哪些特点?

63. 擦胶过程中表面有麻面或小疙瘩的主要原因是什么?

64. 涂胶操作中常见的质量问题有哪些?

65. 擦胶中常见的质量问题有哪些?

66. 简述聚酯帘线的热伸张处理的步骤。

67. 首件鉴定的定义是什么?

68. 什么是特殊过程?

69. 铁路交通事故分为哪几类?

70. 公司的质量方针是什么?

六、综 合 题

1. 二次浸胶区发生停机时事项有哪些?

2. 在浸胶时出现打折的原因有哪些?

3. 浸胶开机准备事项(蜜胺纸)有哪些?

4. 橡胶行业常见职业病与多发病有哪些?

5. 已知某开炼机装车容量 120 L,一次炼胶时间 28 min,胶料密度为 1 120 kg/m³,设备利用系数为 0.85,求生产能力(kg/h)。

6. 说明挤出机规格"SJ-90"和" XJ-200"的表示意义。

7. 简述开炼机几个组成部分作用。

8. 圆筒形橡胶挤出机的机头主要用于生产哪些类型的产品？

9. 贴合带束层为什么不许偏歪？

10. 综述挤出机头对不同的挤出工艺的作用。

11. 综述顺丁橡胶和氯丁橡胶压出工艺控制要点。

12. 综述天然橡胶和丁苯橡胶压出工艺控制要点。

13. 综述钢丝帘布与纤维帘布在控制生产工艺方面上的区别。

14. 综述乙丙橡胶和丁基橡胶压出工艺控制要点。

15. 综述冷喂料挤出的生产优势有哪些？

16. 钢丝帘线表示方法如"3+9+15×0.22+1×0.15"，请解释各数字的含义。

17. 钢丝帘布压延为什么要控制密度？

18. 胶浆溶剂的选择原则有哪些？

19. 挤出生产对胶料的一般要求有哪些？

20. 综述压出速度对内胎半成品质量的影响。

21. 为什么说混炼对胶料下一步的加工和制品的质量起着决定性作用？

22. 想知道混炼胶的均匀状况，可以用哪些试验进行快速判断？

23. 图 3 给出典型的硫化曲线，请在图中标明 T_{10}、T_{90} 的线段位置。

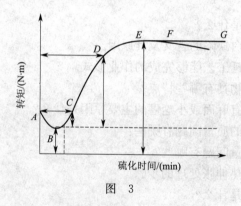

图　3

24. 综述压出半成品尺寸不稳定的原因。

25. 综述热炼的目的。

26. 综述压出半成品产生气泡或海绵的原因。

27. 综述压出半成品厚薄不均的原因。

28. 胎面分层压出联动装置主要组成是什么？

29. 压出口型设计失误会造成什么影响？

30. 公司计量器具分类中 A 类测量设备范围包括哪些？

31. 综述压出半成品焦烧的原因。

32. 综述胶料组成对压出半成品的收缩及质量的影响。

33. 综述半成品表面不光滑的原因。

34. 生产工序的三检制度指的是哪三种检验？

35. 本部门质量目标包括哪几个指标？

橡胶半成品制造工(初级工)答案

一、填空题

1. 悬殊	2. 高压机头	3. 层层	4. 交错
5. 对准	6. 交叉	7. 中心线	8. 长度
9. 规定数量	10. 滤胶	11. 劈缝	12. 压实
13. 喷霜	14. 压力	15. 液压	16. 花纹
17. 基本配方	18. 织物	19. 143	20. 92
21. 花纹或沟槽	22. 支链	23. 混炼	24. 活性剂
25. 翻炼	26. 浸渍	27. 网络形成	28. 焦烧
29. 可塑性	30. 加工制造	31. 胶水	32. 浸渍区
33. 5	34. 擦胶	35. 促进剂	36. 配合剂
37. 浸胶机	38. 骨架上	39. 压片	40. 擦胶
41. 浸胶	42. 板	43. 编织机	44. 胶管坯件
45. 压延	46. 1%～2%	47. 帘布卷	48. 附着力
49. 挤出	50. 天然胶乳	51. 胶管	52. 先后顺序
53. 均匀	54. 设备状态	55. 二次浸渍区	56. 规格
57. 辊速相同	58. 胶浆	59. 裁断	60. 尿胶
61. 用脚踏胶	62. 大	63. 宽度	64. 20 天
65. 1	66. 无积胶法	67. 内部气泡	68. 增大
69. 钢丝圈	70. 10	71. 芯鼓单丝数	72. 质量
73. 帘线	74. 单动上涂辊	75. 压片	76. 张力
77. 胶料致密	78. 9 000 m	79. 帘线	80. 80
81. 变形	82. 稀线	83. 密度	84. 卷取
85. 焦烧	86. 1	87. 提高辊温	88. 急速冷却
89. 骨架	90. 擦胶	91. 性能	92. 较大
93. 对称错开	94. 一次两面	95. 宽度	96. 水
97. 120	98. 流动性	99. 普通胶浆	100. 橡胶
101. 较快	102. 刮浆板	103. 220	104. 延长
105. 塑性	106. 收缩	107. 0.3	108. 预热
109. 全包胶	110. 好	111. 热伸张	112. 低
113. 较厚	114. 干燥	115. 多	116. 剪切力
117. 双面擦胶	118. 可塑度	119. 横向力	120. 低
121. 小辊距	122. 减小	123. 可塑性	124. 大

125. 角度　126. 关机　127. 磨刀　128. 4
129. 禁止　130. 100　131. 连续　132. 点检
133. 较差　134. 停车　135. 弹性形变　136. 受力方式
137. 规格　138. 两块　139. 80　140. 起鼓
141. 密实　142. 裁断角度　143. 电刀裁断法　144. 外径
145. 橡胶　146. 先后顺序　147. 螺杆　148. 压型挤出
149. 流动方向　150. 质量特性　151. 产品质量　152. 预防措施
153. 技术工艺　154. 首检检验　155. 一次抽样

二、单项选择题

1. C　2. D　3. C　4. B　5. C　6. B　7. A　8. A　9. B
10. D　11. C　12. D　13. C　14. D　15. B　16. C　17. B　18. D
19. B　20. B　21. B　22. C　23. D　24. D　25. C　26. B　27. B
28. C　29. C　30. C　31. A　32. D　33. A　34. A　35. D　36. A
37. A　38. C　39. A　40. D　41. B　42. D　43. C　44. C　45. C
46. D　47. C　48. D　49. C　50. A　51. C　52. B　53. A　54. A
55. B　56. C　57. C　58. C　59. A　60. B　61. D　62. B　63. B
64. A　65. B　66. A　67. A　68. C　69. C　70. B　71. D　72. B
73. D　74. C　75. B　76. D　77. C　78. A　79. C　80. B　81. C
82. A　83. D　84. D　85. B　86. C　87. D　88. C　89. A　90. C
91. B　92. C　93. A　94. B　95. A　96. C　97. B　98. D　99. A
100. C　101. D　102. A　103. D　104. C　105. B　106. C　107. A　108. A
109. A　110. D　111. A　112. B　113. D　114. A　115. C　116. B　117. B
118. C　119. D　120. A　121. D　122. D　123. A　124. D　125. B　126. A
127. C　128. C　129. D　130. C　131. A　132. C　133. A　134. D　135. C
136. C　137. C　138. C　139. B　140. C　141. D　142. A　143. A　144. A
145. C　146. C　147. D　148. D　149. A　150. A　151. C　152. D　153. D
154. D　155. A

三、多项选择题

1. ABCD　2. ABC　3. ACD　4. ABD　5. ABCD　6. BC　7. ABCD
8. AC　9. ABC　10. ABCD　11. ABCD　12. BC　13. ABC　14. ABC
15. ABC　16. AD　17. ABD　18. ABC　19. ABC　20. AD　21. AC
22. ABCD　23. CD　24. ABCD　25. ABCD　26. AD　27. ABC　28. ABCD
29. AD　30. AB　31. AD　32. ABCD　33. BC　34. AD　35. ABCD
36. AB　37. ACD　38. ABCD　39. ABCD　40. ACD　41. ABCD　42. ABCD
43. ABD　44. ABCD　45. ABC　46. BCD　47. ABD　48. ABC　49. ABC
50. AC　51. ABCD　52. ABC　53. ABCD　54. ABCD　55. BC　56. ABCD
57. ABCD　58. ABCD　59. AC　60. ABCD　61. BC　62. CD　63. ABCD

64. ABCD　65. ABCD　66. BCD　67. CD　68. ABCD　69. ABC　70. BCD
71. ABCD　72. AB　73. BCD　74. CD　75. ACD　76. ABCD　77. BCD
78. BC　79. BC　80. ABCD　81. ABC　82. CD　83. ABCD　84. BCD
85. ABC　86. ACD　87. ABC　88. BC　89. ABCD　90. ABCD　91. ABC
92. ABCD

四、判　断　题

1. √　2. √　3. ×　4. √　5. √　6. ×　7. ×　8. √　9. √
10. ×　11. ×　12. ×　13. ×　14. ×　15. √　16. √　17. √　18. √
19. √　20. √　21. ×　22. √　23. √　24. √　25. √　26. √　27. √
28. ×　29. √　30. ×　31. ×　32. √　33. √　34. √　35. √　36. ×
37. ×　38. √　39. ×　40. √　41. ×　42. √　43. √　44. √　45. ×
46. ×　47. √　48. √　49. √　50. √　51. √　52. √　53. √　54. √
55. √　56. √　57. √　58. √　59. √　60. √　61. √　62. √　63. √
64. √　65. √　66. √　67. √　68. ×　69. √　70. √　71. √　72. ×
73. ×　74. √　75. √　76. √　77. √　78. √　79. √　80. √　81. ×
82. √　83. √　84. ×　85. ×　86. √　87. √　88. ×　89. √　90. √
91. √　92. √　93. ×　94. √　95. √　96. √　97. √　98. √　99. √
100. ×　101. ×　102. √　103. √　104. √　105. √　106. √　107. ×　108. √
109. √　110. √　111. √　112. √　113. √　114. √　115. √　116. √　117. √
118. ×　119. √　120. √　121. ×　122. √　123. √　124. √　125. ×　126. √
127. √　128. √　129. √　130. √　131. √　132. √　133. √　134. √　135. √
136. √　137. √　138. √　139. ×　140. √　141. √　142. √　143. √　144. ×
145. √　146. √　147. √　148. ×　149. √　150. √　151. √　152. ×　153. ×
154. √　155. √　156. ×　157. √　158. √

五、简　答　题

1. 答:喷霜是一种由于配合剂喷出胶料表面而形成一层类似"白霜"的现象(2分),多数情况是喷硫(1分),但也有是某些配合剂的喷出(1分),还有是白色填料超过其最大填充量而喷出(1分)。

2. 答:对因混炼不均(1分)、混炼温度过高(1分)以及硫黄粒子大小不均(1分)所造成的胶料喷霜问题,可通过补充加工加以解决(2分)。

3. 答:胶片与胶片(2分)、胶片与挂胶织物(3分)的贴合等作业。

4. 答:橡胶的压延是橡胶半成品的成型过程(1分),包括压片(1分)、压型(1分)、贴胶(1分)和擦胶、贴合(1分)。

5. 答:压出(挤出)是使高弹态的橡胶在挤出机机筒及转动的螺杆的相互作用下(3分),连续地(1分)制成各种不同形状(1分)半成品的工艺过程。

6. 答:主要用于压片(1分)或纺织物贴胶(1分)。一般为三辊或四辊(1分),各辊转速相同(2分)。

7. 答:挤出机结构通常由机筒(1分)、螺杆(1分)、加料装置(1分)、机头(口型)(1分)、加热冷却装置、传动系统等部分组成(1分)。

8. 答:胶料出现轻微焦烧时,表现为胶料表面不光滑(1分)、可塑性降低(1分)。严重焦烧时,胶料表面和内部会生成大小不等的有弹性的熟胶粒(疙瘩)(2分),使设备负荷显著增大(1分)。

9. 答:喷硫是由于硫黄喷出胶料表面而形成一层类似"黄霜"的现象(5分)。

10. 答:粗炼主要通过机械作用,进一步提高胶料可塑度和分散均匀性(2.5分);细炼主要通过提高温度以提高胶料热可塑度(2.5分)。

11. 答:热炼分为粗炼(2.5分)和细炼(2.5分)两个阶段。

12. 答:浸胶胶乳的组成和浓度(2分)、纺织物浸胶时间和纺织物的张力(2分)、挤压辊的压力和干燥条件(1分)等。

13. 答:纺织物的干燥一般在立式或卧式干燥机上进行(5分)。

14. 答:原材料帘线穿过压延机并且帘线的两面都挂上一层较薄的胶料(2分),最后的成品称为"帘布"(1分);原材料帘线主要为尼龙和聚酯两种(2分)。

15. 答:胎圈是由许多根钢丝挂胶(1分)以后缠绕(1分)而成的,用于胎圈的这种胶料是有特殊性能(1分)的,当硫化完以后,胶料和钢丝能够紧密的贴合到一起(2分)。

16. 答:有积胶法适用于丁苯橡胶(2.5分),无积胶法适用于天然橡胶(2.5分)

17. 答:压型是指将热炼后的胶料压制成具有一定断面形状或表面具有某种花纹的胶片的工艺(3分)。例如制造胶鞋鞋底(1分),车胎胎面的坯胶(1分)等。

18. 答:压延定型胶片一般采用急速冷却的办法(3分),使花纹定型、清晰,防止变形(2分)。

19. 答:压型主要依靠胶料的流动性来造型(2分),而不是靠压力(1分),所以要求胶料应具有一定的可塑性(2分)。

20. 答:应用:制造轮胎胎面、内胎胎筒、纯胶管、胶管内外层胶和电线电缆等半成品(2.5分);也可用于胶料的过滤、造粒、生胶的塑炼、金属丝覆胶及上下工序的联动(2.5分)。

21. 答:是用压延机在纺织物上挂上一层薄胶(5分)。

22. 答:制成的挂胶帘布或挂胶帆布作为橡胶制品的骨架层(3分),如轮胎外胎的尼龙挂胶帘布(2分)。

23. 答:1)给予外胎足够的强度,支持胎体(2分);

2)承受车辆对轮胎的负荷(静、动态的)(2分);

3)限制轮胎使用变形(1分)。

24. 答:每9 000 m长度的纤维股线的质量(5分)。

25. 答:单位长度的捻回数,常用为10 cm(5分)。

26. 答:帘线加捻的方向,S向表示下→上(左→右)(3分),相反则为Z向(2分)。

27. 答:挤出机的主要技术参数有螺杆直径、长径比、压缩比、转速范围、螺杆结构、生产能力、功率等。(漏填一项扣1分)

28. 答:每9 000 m长度的纤维或纱线所具有的质量克数(3分),对同一种纤维,且数越大,纤维越粗(2分)。

29. 答:纤维帘布压延采用四辊压延机(2分),帘布压延的目的是通过压延机把胶料附在帘线上(3分)。

30. 答:机筒在工作中与螺杆相配合(1分),使胶料受到机筒内壁和转动螺杆的相互作用(2分),以保证胶料在压力下移动和混合(1分),通常它还起热交换的作用(1分)。

31. 答:由于帘线的断面不规则用直径或截面积很难准确表示,因此其粗细程度通常用"旦数"或"特、分特"来表示(3分),这是定长制的表示方法,即采用单位长度的纤维或纱线所具有的重量(以克计)(2分)。

32. 答:钢丝帘线作为子午胎的主要骨架材料(2分),用于半钢子午胎的带束层(1分)和全钢子午胎的带束层(1分)和胎体层(1分)。

33. 答:钢丝帘线的表示中用N代表股线的数目(2分)、用F代表单丝的数目(2分)、用D代表单丝的直径(1分)。

34. 答:1×5×0.25表示为钢丝帘线为1股(1分),由5根单丝组成(2分),单丝的直径为0.25 mm(2分)。

35. 答:螺杆的结构分工作部分(指螺纹部和头部)(2分)和连接部分(指尾部)(1分),工作部分直接完成挤出作业(1分),尾部起支持和传动作用(1分)。

36. 答:主要包括锭子房(2分)、主机(1分)、冷却(1分)、卷取装置(1分)等。

37. 答:胶片压延分挤出压延法(1分)和双两辊压延法(1分)。胶片压延部件主要有内衬层(气密层)、纯胶片(3分)。

38. 答:是将钢丝附胶后卷成钢丝圈(3分)。包括放钢丝工位、挤出机、储料、缠绕机等部分(2分)。

39. 答:帘布导开→储布→裁断→胶片贴合→卷取(漏填一项扣1分)。

40. 答:压延后的钢丝附胶帘布要采用塑料垫布卷取(3分),以保证帘布表面的新鲜(2分)。

41. 答:压延效应是指压延后胶片出现性能上的各项异性的现象(5分)。

42. 答:贴胶即胶片贴合(2分),是指将两层以上的胶片贴合在一起的压延作业,用于制造厚度大、质量高的胶片(3分)。

43. 答:所谓挤出口型膨胀,指压出后胶料断面尺寸大于口型尺寸的现象(5分)。

44. 答:主要指生胶或混炼胶溶解于适当溶剂后所成的胶体溶液(5分)。

45. 答:由胶乳或混炼胶的水分散体制成的俗称水胶浆(5分)。

46. 答:分为不硫化胶浆或生胶浆和硫化浆或混炼胶浆(含有硫化剂、促进剂等)两类(5分)。

47. 答:根据用途可分为普通胶浆和特殊胶浆(5分)。

48. 答:非活化聚酯涤纶的活化处理是涤纶作为骨架材料应用的重要步骤(3分),通常有两条途径(3分):

1)前期处理——对涤纶原丝进行活化处理(1分)。

2)后期处理——涤纶线绳在加工时进行活化处理(1分)。

49. 答:(a)中、下辊不积胶(2分);(b)四辊压延中上辊积胶(2分);(c)中、下辊有积胶(1分)。

50. 答:螺杆加料端的螺槽容积与出料端的螺槽容积之比为压缩比(2分),它表示胶料在挤出机中可能受到的压缩程度(2分)。比值越大,半成品致密性越好(1分)。

51. 答：(a)是卧式干燥机(2.5分)；(b)是立式干燥机(2.5分)。

52. 答：压延准备过程中的热炼工艺有粗炼(2.5分)和细炼(2.5分)两种。

53. 答：螺杆螺纹部分长度 L 与外直径 D 之比为长径比(L/D)(3分)，是挤出机的重要参数之一(2分)。

54. 答：低温薄通就是以低辊温和小辊距对胶料进行加工(2分)，主要使胶料补充混炼均匀(2分)，并可以适当提高其可塑性(1分)。

55. 答：通常来说，压延胶布使用的纺织物主要有帘布(2.5分)和帆布(2.5分)两种。

56. 答：挤出机结构通常由机筒、螺杆、加料装置、机头(口型)、加热冷却装置、传动系统等部分组成(漏填一项扣1分)。

57. 答：挤出机的主要技术参数有螺杆直径、长径比、压缩比、转速范围、螺杆结构、生产能力、功率等(漏填一项扣1分)。

58. 答：擦胶是在压延时利用压延机辊筒速比产生的剪切力和挤压力作用将胶料挤擦入织物的组织缝隙中的挂胶方法(5分)。

59. 答：压延时，辊筒受胶料横向力作用产生的轴向弹性弯曲变形程度大小，用辊筒轴线中央处偏离原来水平位置的距离表示，称为辊筒的挠度(5分)。

60. 答：露白是指胶料擦不上布而露白底或出现许多白点(2.5分)，其原因是辊温和热可塑性太低(2.5分)。

61. 答：胶片的压片、胶片贴合、胶料压型、擦胶(漏填一项扣1分)。

62. 答：弹性高，好的防水性、好的黏性、好的使用性能(漏填一项扣1分)。

63. 答：胶料热炼不足，可塑度小，辊温过高，胶料焦烧(漏填一项扣1分)。

64. 答：布面污点，皱纹，气泡，厚度不均(漏填一项扣1分)。

65. 答：掉皮，露白，焦烧，上辊(漏填一项扣1分)。

66. 答：聚酯帘线的热伸张处理一般是在两次浸胶处理过程中分两步完成的(1分)：第一步为浸胶、干燥及热伸张处理(2分)，第二步为浸胶、干燥及热定型处理(2分)。

67. 答：定义：对批量生产时代表性零件的检验、验证和确认活动(3分)，如果是一次性产品或软件，那么首件鉴定等同于确认(2分)。

68. 答：特殊过程是指对形成的产品是否合格不易或不能经济地进行检验或试验来验证的过程(5分)。

69. 答：特大(1分)、重大(1分)、较大(1分)、一般 A、B、C、D 类事故(2分)。

70. 答：聚焦客户需求(1分)，持续技术创新(1分)，真诚提供优质可靠的产品和服务(2分)，不断增强客户满意(1分)。

六、综合题

1. 答：二次浸胶区停机事项如下：(评分标准：1～6条每条1.5分，第7条1分)

1)根据胶水的种类和多少添加相应的烧碱，将尿胶和1号胶的 pH 值调回至8。

2)将胶水抽回各自的桶里。

3)清洗胶管、胶辊和胶盆。

4)将洗机废水抽到废水桶里。

5)关掉齿轮泵开关。

6)清洗机台及地面。

7)关窗。

2. 答:在浸胶时出现打折的原因:(评分标准:1～4条每条1.5分,5～8条每条1分)

1)设计工艺有问题。

2)纬丝收缩不匀。

3)转产时,前后工艺变化大,修改太急。

4)轻型布和重型布之间直接相连。

5)门幅偏差很大的两匹布之间直接相连。

6)扩幅器、对中心没有及时调整。

7)烘箱内罗拉辊上,高温纸出现缺陷。

8)罗拉辊上缠丝,使得辊面不平。

3. 答:浸胶开机准备事项(蜜胺纸):(评分标准:1～4条每条1.5分,5～8条每条1分)

1)烧好胶水固化时间,添加相应的脱模剂。

2)吊原纸,穿原纸到一次烘干区。

3)打紧挤胶辊,开一次排湿开关。

4)升蓄纸机,调节纸卷机刹车松紧。

5)升胶槽,放好胶水。

6)装好引纸棒。

7)提醒油炉工开引风机。

8)开机后到剪纸区协助上纸。

4. 答:橡胶行业常见职业病与多发病有:(评分标准:每条2.5分)

1)常用的有机溶剂汽油、苯、二甲苯,可引起以神经系统症状为主的急性中毒;慢性苯中毒为常见慢性中毒;有机溶剂可引起皮肤损害,如皮疹,皮肤干燥,角化,皲裂,接触皮炎,色素沉着等。

2)尘肺,例如炭黑尘肺、滑石肺、云母肺。

3)硫化工段作业接触高温,可发生中暑。

4)噪声性听力损伤或噪声聋。

5. 解:生产能力=60×容量×胶料密度×设备利用系数/一次炼胶时间=60×120×10^{-3}×1 120×0.85/28=244.8 kg/h

答:生产能力为244.8 kg/h。(评分标准:列出正确公式5分,计算正确5分)

6. 答:挤出机的规格用螺杆的外径表示(1分),并在前面冠以"SJ"或"XJ"(1.5分),S表示塑料(1.5分);X表示橡胶(1.5分);J表示挤出机(1.5分)。如SJ-90表示螺杆外径为90 mm的塑料挤出机(1.5分);而XJ-200表示螺杆外径为200 mm的橡胶挤出机(1.5分)。

7. 答:1)辊筒:对胶料提供捏炼作用(1.5分)。

2)辊筒轴承:支承辊筒回转(1.5分)。

3)机架、横梁、底座:起支撑作用(1.5分)。

4)传动装置:提供动力(1.5分)。

5)调距装置:调节辊距(1.5分)。

6)调温系统:控制调节炼胶温度(1.5分)。

7)安全制动装置:润滑系统(1分)。

8. 答:用以制造各种空心制品(2分),如胶管、内胎、密封条等等(4分)。这种结构的机头又分为可调整口型(2分)和可调节芯型(2分)。

9. 答:带束层是子午胎主要受力部件,它处在轮胎受力最大、生热最高的部位(2分),如果带束层偏歪,会使轮胎两肩部材料分布不均(2分),造成轮胎行驶时受力不均,偏厚的一侧生热大(2分),易造成带束层脱层和肩裂等质量问题(2分);而偏薄的一侧会降低胎肩刚度,使操纵稳定性不好,易产生磨胎肩现象(2分)。

10. 答:机头对不同的挤出工艺(如压型、滤胶、混炼、造粒等),其作用与结构也不相同(2分)。对压型挤出机的机头来说,其主要作用:使胶料由螺旋运动变为直线运动(2分);使机筒内的胶料在挤出前产生必要的挤出压力(2分),以保证挤出半成品密实(2分);使胶料进一步塑化均匀(2分);使挤出半成品成型。

11. 答:顺丁橡胶:压出性能较好,接近于天然橡胶,但收缩率比天然橡胶大(5分)。氯丁橡胶:热炼操作与天然橡胶不同,不需要进行充分热炼,只要均匀加热使之软化即可。压出时要注意利用氯丁橡胶的弹性态温度范围,一般采用机筒、螺杆部分为50 ℃左右,机头部分约为60 ℃,口型部位约为70 ℃。压出后应充分冷却(5分)。

12. 答:天然橡胶:压出速度比合成橡胶快,半成品的收缩率较小。压出温度机身部位为50～60 ℃,机头为70～80 ℃,口型为80～90 ℃(5分)。

丁苯橡胶:可塑性低,弹性大,压出速度较慢,压出后收缩变形比天然橡胶大,表面较粗糙。压出温度机身部位为50～70 ℃,机头为70～80 ℃,口型为100～105 ℃(5分)。

13. 答:与纤维帘布压延相比,钢丝帘布是由一个个锭子的钢丝排列而成(2分),没有纬线,因此帘布的密度是通过整经辊来实现(2分),而密度的均匀,避免出现稀线和跳线是压延重要的控制内容(2分),否则不但影响产品质量同时造成的浪费很大(2分)。压延后的钢丝附胶帘布要采用塑料垫布卷取,以保证帘布表面的新鲜(2分)。

14. 答:乙丙橡胶:比一般橡胶容易压出,速度快、收缩小。但要掌握好胶料的门尼黏度,通常门尼黏度以40～60 ℃为佳。压出时要控制好温度,采用口型温度90～140 ℃,机头温度80～130 ℃,机身温度60～70 ℃(5分)。

丁基橡胶:比天然橡胶压出困难。压出速度缓慢,压出后断面膨胀大。压出发热量大,要严格控制压出温度,以免焦烧,压出半成品应迅速冷却(5分)。

15. 答:1)冷喂料压出对压力的敏感性小,尽管机头压力增加或口型阻力增大,但压出速率降低不大(2分)。

2)由于不需热炼工序,减少了质量影响因素,从而压出物更加均匀(2分)。

3)胶料的热历程短,所以压出温度较高也不易发生早期硫化(2分)。

4)应用范围广,灵活性大,可适用于天然橡胶、丁苯橡胶、丁腈橡胶、氯丁橡胶、丁基橡胶等(2分)。

5)冷喂料挤出机的投资和生产费用较低。冷喂料挤出机本身的价格比热喂料挤出机高出50%,但它不再需要开炼机喂料和其他辅助设备,所以在压出量相同的条件下,利用冷喂料挤出机挤出,所需劳力少,占地少,总的价格便宜(2分)。

16. 答:3——芯鼓单丝数(2分);

　　　9——第二层单丝数(2分);

　15——外层单丝数(2分);

　0.22——单丝直径(2分);

　1——外缠线数(1分);

　0.15——外缠丝直径(1分)。

17. 答:钢丝帘布是由一个个锭子的钢丝排列而成(2分),没有纬线(2分),因此帘布的密度是通过整经辊来实现(2分),而密度的均匀,避免出现稀线和跳线是压延重要的控制内容(2分),否则不但影响产品质量同时造成的浪费很大(2分)。

18. 答:"同类相溶"的原理(2分)、溶解度参数相近相溶的原则(2分),考虑溶剂的特性(1分)、适当的挥发速度(1分)、化学稳定性良好(1分)、毒性小(1分)、吸湿性小(1分)、可燃性小(1分)。

19. 答:1)水分及挥发物含量尽可能低,以免产生气孔(2分)。

2)无外来杂质颗粒,以免造成破裂(2分)。

3)胶料宜有较小的弹性变形,以保证制品尺寸稳定(2分)。

4)有足够长的门尼焦烧时间,防止挤出过程产生自硫(2分)。

5)有一定自润滑性,发热量低(1分)。

6)胶料要保持一定的挺性,防止停放变形(1分)。

20. 答:内胎压出过程中,必须根据热炼的供胶能力和压出能力,按压出规格,确定稳定的压出速度(3分)。若无稳定的压出速度,就会造成速度与供胶失调,压出的半成品尺寸波动大,不均匀(2分)。若压出速度过快,供胶不足,压出半成品质量就差,同时由于压出速度快,内摩擦生热大,有产生焦烧的可能,并使胶料中低熔点的挥发物挥发而造成半成品断面气孔和气泡,影响其致密性(3分)。但压出速度过慢,会影响压出能力(2分)。

21. 答:1)混炼不好,胶料会出现配合剂分散不均、胶料可塑度过低或过高、焦烧、喷霜等现象(5分)。

2)使压延、挤出、滤胶、硫化等工序不能正常进行,导致成品性能下降(5分)。

22. 答:硬度试验(2分)和密度试验(2分)都可以快速判断混炼胶的均匀状况。从混炼胶上取几个试样,分别做硬度试验和密度试验,若测定的结果非常接近,说明胶料混炼的较均匀(3分);若测定的结果相差较大,说明胶料混炼得不均匀(3分)。

23. 答:如图3所示(两处各5分)。

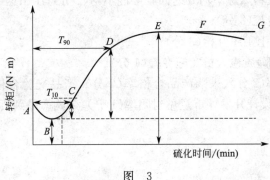

图 3

24. 答:1)厚度不对称,主要原因是芯型偏位或口型不正(5分)。

2)厚度复合要求,但宽度不足或过大,主要原因是牵引速度过快或过慢(5分)。

25. 答:热炼的目的主要是使胶料柔软获得热塑性(2分),同时也可使胶料均匀(配合剂分散均匀(2分),可塑度提高(2分)),稍能提高胶料可塑度(2分),使胶温符合压延或挤出工艺要求(2分)。

26. 答:压出速度过快(2分),使胶料中的空气未及排出(2分);原材料含水分和挥发分多(2分);机头温度过高(2分);供胶不足(2分)。

27. 答:芯型偏位或口型不正(2分),口型板变形(2分);压出温度控制不均(2分);胶料热炼不均(2分),压出速度与牵引速度配合不当(2分)等。

28. 答:胎面分层压出联动装置一般包括挤出机及附属的热炼供胶装置、胎面的压出运输带、胎面贴合用多圆盘活络辊、标记辊、检查秤、收缩辊道、冷却水槽、吹风干燥器、胎面定长称量裁断装置、胎面堆放装置等。(漏1处扣1分)

29. 答:口型过大,螺杆推力小,机头内压力不足,排胶不均匀,半成品形状不规整(5分)。口型过小,压力太大,速度虽快些,但剪切作用增加,引起胶料生热,增加胶料焦烧的危险(5分)。

30. 答:1)企业最高计量标准器及其配套装置(5分);

2)工作用强制检定的测量设备,如绝缘电阻表、储气罐用监控压力表等(5分)。

31. 答:胶料配合不当,抗焦烧性差,焦烧时间短(2分);机头温度过高(2分);流胶口过小,机头处有积胶或口型与机头处有死角,造成胶料不流动(2分);螺杆冷却不足(2分);供胶中断,形成空车滞胶(2分)。

32. 答:1)适当选择生胶品种,在常用的橡胶品种中,SBR、CR、IIR 的收缩率都大于 NR 和 BR(2分)。

2)加入补强填充剂,降低生胶含胶率,减少胶料的弹性变形。炭黑粒径的大小对胶料的收缩率无影响,而结构性和用量对收缩率有显著的影响。炭黑的结构性越高、用量越大,压出收缩率越小;补强性低的各向异性的粒子(如陶土、碳酸镁等)压出收缩率也小(2分)。

3)在胶料中加入再生胶,可增加流动性,从而减小收缩率(2分)。

4)在胶料中加入油膏类软化剂,能起到润滑作用,减小收缩率,使制品表面光滑(2分)。

5)胶料可塑性大,容易流动,压出收缩率小(2分)。

33. 答:机头和口型的温度低(2分);供胶温度过高或机头温度过高而产生焦烧(2分);牵引运输速度慢(2分);胶料热炼不均或返回胶掺混不均(2分);压出速度过快(2分)等。

34. 答:1)操作者自检(3分);

2)下工序操作者对上工序互检(3分);

3)事业本部(事业部)质检人员实施专检(4分)。

35. 答:质量损失率(2分)、采购产品合格率(2分)、产品交验合格率(2分)、产品交付后0 km不合格率(2分)、设计开发评审意见封闭率(1分)、采购产品到货及时率(1分)。

橡胶半成品制造工(中级工)习题

一、填 空 题

1. 帘布筒贴合每个布筒第一层按规定定长,帘线角度交叉,不得(　　)。

2. 挤出机头的类型按机头用途不同分为内胎机头、(　　)、电缆机头等。

3. 帘布筒贴合操作中注意检查帘布质量,帘布表面不得有杂物、甩角、宽度不均、压线超标、褶子、(　　)、弯曲、稀密不均、熟胶痘等。

4. 帘布筒表面达到8无:无气泡、(　　)、无手揭不开、无露白、无褶子、无杂物、无劈缝、无弯曲(不超过3根)。

5. 帘布贴合送布时,手和压辊保持一定距离,以防(　　)。

6. 机器运转中发现帘布上有杂物不准追拿,应(　　)取掉。

7. 帘布贴合时移动供布架时注意观察架的周围,以防(　　)。

8. 帘布贴合过程中放帘布卷时注意力要(　　),防止挤手。

9. 帘布筒贴合单层偏歪值:差级5 mm以下的不大于(　　)mm。

10. 压延过程一般包括以下工序:混炼胶的预热和供胶、纺织物的导开和(　　)。

11. 贴合帘布筒同号储存,挂满架子为止,不得多挂或(　　)。

12. 缓冲胶片停放时间2～48 h,要求表面(　　)、无杂物、无喷霜。

13. 贴合时发现缓冲胶片喷霜的应(　　)使用。

14. 常用的硫化介质有饱和蒸汽、过热蒸汽、(　　)、热空气、热水、氮气及其他固体介质等。

15. 混炼胶的质量对胶料的后续加工性能,半成品质量和(　　)具有决定性影响。

16. 橡胶的压延工艺包括压片、压型、贴胶和(　　)。

17. 对混炼胶的质量要求主要有两个方面,一是胶料应具有良好的(　　),二是胶料能保证成品具有良好的使用性能。

18. 导致橡胶老化的因素很多,主要有(　　)、氧、臭氧、微量金属、阳光、紫外线等。

19. 橡胶的压延设备的结构特点及(　　)与塑料压延机是相似的。

20. 擦胶压延机用于纺织物的擦胶,一般为三辊,各辊间有一定的(　　)。

21. 钢丝压延机用于钢丝帘布的贴胶,一般为(　　)压延机。

22. 橡胶的压延生产线上的附属设备有干冷却辊和(　　)。

23. 主要增加橡胶分子与的(　　)接触面积,从而加速老化的是屈扰疲劳。

24. 胶粘剂的种类很多,从制造胶粘剂的材料来分,可分为(　　)型、橡胶型、橡胶与树脂的混合型三种。

25. 天然橡胶有两种分级方法:一种按(　　)分级,一种按理化指标分级。

26. 硫化体系的作用是使橡胶大分子(　　)。

27. 用密炼机进行塑炼时,必须严格控制(　　　)和排胶温度。

28. 影响开炼机混炼胶料质量的因素有辊筒的转速和速比、辊距、辊温和(　　　)、容量和堆积胶、加药顺序。

29. 促进剂是指能(　　　),缩短硫化时间,减少硫黄用量,又能改善硫化胶的物理性能的物质。

30. 压延过程中,可塑度大,流动性好,半成品表面光滑,压延收缩率(　　　)。

31. 二次浸胶区发生停机要注意根据胶水的种类和多少添加相应的烧碱,将尿胶和(　　　)的 pH 值调回至 8。

32. 二次浸胶区如遇断纸要注意吊起(　　　)和上抹平辊。

33. 浸胶车间不合格品很多,浸胶打折(包折痕)布一般占总产量的(　　　)左右。

34. 擦胶要求胶料渗入纺织物的空隙中去,要求胶料有较高的(　　　)。

35. 热炼后胶料会变得(　　　),易于后工序使用。

36. 由三叶橡胶树流出的胶乳,经浓缩、(　　　)、加工而成的。

37. 浸胶刮浆是用浸胶机或(　　　),将橡胶骨架材料的纤维织物、线绳表面浸渍或刮上一层很薄的处理剂或浆料。

38. 橡胶喷浆是在橡胶制品骨架上喷上以(　　　)、甲醛、汽油等混合溶剂制成的乳胶浆。

39. 要求胶料可塑度适中的压延方式是(　　　)。

40. 橡胶硫化是塑性橡胶经过(　　　)、加压一定时间,在混入其中的各种配合剂的共同作用下,使橡胶分子产生交联,由线性结构转变为三维网状结构。

41. 橡胶上光是在雨鞋一类的橡胶制品上用刷子刷上(　　　)、汽油配制的上光剂,使橡胶制品表面呈出光泽。

42. 浸胶工艺的影响因素有挤压辊的(　　　)和干燥条件。

43. 挤出机圆柱形螺杆多用于(　　　)和滤胶。

44. 浸胶工艺的影响因素有浸胶胶乳的组成和(　　　)。

45. 橡胶压延是用压延机进行加工,包括贴胶、(　　　)、压片、合布、压花、压型等。

46. 胶片压出是按生产工艺要求,通过压延机等设备,将混炼胶压成具有一定(　　　)的胶片。

47. 挤出机圆锥形螺杆多用于(　　　)和造粒。

48. 胶辊辊芯处理是胶辊金属芯先除去(　　　)和铁锈,再经喷砂处理,然后用汽油洗干净,涂上黏合胶浆。

49. 胶辊表面加工是根据胶辊的硬度,采取不同的(　　　),先在车床上旋,再用碳化硅砂轮磨光,或用砂布磨光。

50. 螺杆螺纹部分(　　　)与外直径 D 之比为长径比 L/D。

51. 一般来说,压延工序,含胶量高,膨胀(　　　)。

52. 帘布裁断工艺中,接缝方法通常有(　　　)和搭接。

53. 帘布筒贴合操作前要检查开关、贴合辊、(　　　)是否完好。

54. 压出工艺是通过(　　　)机筒筒壁和螺杆件的作用,使胶料达到挤压和初步造型的目的。

55. 二次浸胶区如遇断纸时要注意拿掉(　　　),贴好透明胶。

56. 缓冲层偏歪值不大于(   )mm。

57. 压延胶片应表面光滑、不皱缩、无气泡,且(   )均匀。

58. 压延时为使胶片在辊筒间顺利转移,各辊应有一定的(   )。

59. 钢丝缠绕布要缠紧接头,不准露出(   )。

60. 二次浸胶区如遇停机时要注意将胶水抽回(   )的桶里。

61. 贴合好后的钢圈,按规格分别存放到钢圈小车上,不允许(   )。

62. 胶片压延时,胶料含胶量低或弹性小时,其辊温胶(   )。

63. 挤出机螺杆加料端的螺槽容积与出料端的螺槽容积之比为(   )。

64. 压延后的钢丝帘布存放时间最少(   )方可使用。

65. 钢丝帘线接头出角允许最多(   )mm。

66. 纤维织物主要是尼龙 6、尼龙 66、(   )、人造丝、芳纶等。

67. 压延时有适量的积存胶可使胶片(   )。

68. 压延时有适量的积存胶可(   )胶片密实程度。

69. 防焦剂是能使胶料在加工过程中不发生(   )的物质。

70. 初捻是指单股帘线的加捻,多为(   )。

71. 可以用(   )工艺制作的半成品有胎面的坯胶。

72. 压型是指将热炼后的胶料压制成具有一定(   )的胶片的工艺。

73. 压型的工艺要点与压片的工艺要点大致(   )。

74. 四辊压延机由帘布导开、接头、牵引、干燥、压延、(   )和卷取等部分组成。

75. 压延后辊筒挤压力消失,分子链要恢复卷曲状态,所以胶片会沿压延方向(   )。

76. 目前钢丝圈压出联动线用挤出机一般是(   )喂料挤出机。

77. 特(tex)——(   )长度的纤维或纱线所具有的质量克数。

78. 压型制品对胶料的(   )和工艺条件有特别的要求。

79. 帘线烘干温度严格按工艺要求设定控制,一般尼龙帘线在(   )℃左右。

80. 钢丝帘布压延锭子房配有温控、(   )装置,对温度、湿度严格控制。

81. 二次浸胶区停机时要注意清洗胶管、(   )和胶盆。

82. 钢丝帘布的密度控制是通过(   )来实现。

83. 钢丝压延要严格按工艺要求控制好各段张力,尤其是(   )。

84. 在可能的条件下,配方中可多加填充剂和适量的软化剂或者再生胶,以防止(   )扁塌。

85. 压型依靠胶料的(   )来造型,而不是靠压力。

86. 胎圈钢丝直径采用钢丝的截面直径来表示,如 ϕ0.96 胎圈钢丝,其钢丝直径约为(   )mm。

87. 钢丝圈的制造是将钢丝(   )后卷成钢丝圈。

88. 纺织物挂胶用(   )在纺织物上挂上一层薄胶。

89. 子口胶在硫化过程中应与胎侧胶的焦烧时间及硫化速度匹配,避免出现(   )重皮、明疤等现象的目的。

90. 三角胶贴合就是通过贴合设备把压出好的(   )与钢丝圈复合成为一个整体的工艺过程。

91. 压力贴胶有利于( )胶料与布的附着力。

92. 二次浸胶区断纸时要注意清理单动上涂辊和( )。

93. 钢丝圈的制备中,要注意钢丝的表面质量:附胶是否均匀、是否( )、散丝、蜂窝、缠绕钢丝圈的钢丝排列是否整齐等。

94. 挂胶帘布可提高纺织物的( )和防水性。

95. 帘布裁断流程:帘布导开、( )、卷取。

96. 压力贴胶时贴胶的两辊间要有适当的( )。

97. 采用水性胶浆毒害性小,与织物的( )。

98. 水性胶浆产品可在5~( )℃温度下使用。

99. 擦胶一般在( )压延机上进行。

100. 线绳浸胶处理可以调整线绳的( )、伸长等。

101. 线绳浸胶处理后,可以适合橡胶制品对( )和静动态条件下的尺寸稳定性要求。

102. 线绳表面如有多余的浆料,会影响线绳与胶料的( )。

103. 比较理想的浸胶工艺时间为80~( )s。

104. 压延时( )会发生塑性流动变形。

105. 压延时在最小辊距的中央处的胶料流动速度( )两边的流动速度。

106. 压延后辊筒挤压力消失,分子链要恢复( )状态。

107. 压延准备工艺中,需要对胶料进行热炼,热炼工艺分为( )和细炼。

108. 贴胶时通过的两个辊筒的( )是等速。

109. 压延供胶过程中,输送带运转速度应该略( )辊筒线速度。

110. 擦胶速比愈大,搓擦力愈大,胶料渗透( )。

111. 帘布压延的质量要求断面厚度均匀,尺寸( )。

112. 辊温影响压延质量,辊温( ),流动性好,表面光滑。

113. 尼龙帘线( ),所以在压延前必须进行热伸张处理。

114. 压延时厚擦挂胶时的用胶量( )。

115. 胶片压延后会出现性能上的各向异性,称为( )。

116. 热炼一般在热炼机上进行,也有的采用( )或连续混炼机完成。

117. 粗炼一般采用( )方法,主要使胶料补充混炼均匀,并可适当提高其可塑性。

118. 压延时采用厚擦方式可以提高胶料与纺织物附着力( )。

119. 纺织物挂胶质量项点是要求橡胶与纺织物有良好的( )。

120. 压延时采用薄擦方式胶料的附着力( )。

121. 压延对胶料的质量要求主要是胶料对纺织物的( )要高。

122. 采用厚擦方式压延制成的成品耐屈挠性( )。

123. 擦胶是在压延时利用压延机( )产生的剪切力和挤压力作用将胶料挤擦入织物的组织缝隙中的挂胶方法。

124. 擦胶压延有两种,分别是包擦法和( )。

125. 纺织物擦胶压延工艺中,适当提高胶料的可塑度有利于提高胶料的( )和渗透作用。

126. 采用薄擦方式制成的成品的耐屈挠性( )。

127. 胶料通过压延机辊距时的流速是最大的，因而受到的拉伸变形作用是（　　）的。

128. 改善聚酯帘线的尺寸稳定性，需进行（　　）处理，其中热定型区的主要作用是使帘线在高温下消除内应力。

129. 压延（　　）大小也影响压延的质量。

130. 粗炼一般采用低温薄通方法，即以（　　）和小辊距对胶料进行加工，主要使胶料补充混炼均匀，并可适当提高其可塑性。

131. 帘布裁断就是把帘布按一定的（　　）和一定的角度进行裁切的工艺过程。

132. 帘布有粘连现象时，要进行（　　）整理。

133. 四辊压延机贴合的工艺包含了（　　）和贴合两个过程。

134. 裁刀磨刀时需要戴好（　　）。

135. 压延后的胶帘布停放时间不得少于（　　）h。

136. 胶片贴合时要求各胶片有一致的（　　）。

137. 帘布裁断过程中，对活褶子需要用（　　）进行处理。

138. 帘布贴合时对于宽度小于 10 mm 小段胶帘布（　　）使用。

139. 帘布裁断工艺中，使用（　　）测量帘布的裁断角度。

140. 挤出机可以用来制造（　　）、内胎胎筒、纯胶管、胶管内外层胶和电线电缆等半成品。

141. 两辊间摩擦力小，胶料对织物的渗透性（　　）。

142. 贴胶法的压延速度快，效率（　　）。

143. 裁断工艺要求中，对于（　　）不倒卷禁止使用。

144. 贴合是用压延机将两层薄胶片贴合成（　　）胶片的工艺。

145. 宽度在（　　）以上，200 mm 以下的小段胶帘布可以使用。

146. 在一张帘布上取长度方向间隔大于（　　）的位置测量三次宽度，取平均值。

147. 二辊压延机贴合是用普通（　　）二辊炼胶机进行。

148. 压延卷取胶帘布的垫布（　　）有断头。

149. 二辊压延机可以贴合厚度（　　）的胶片。

150. 胶帘布裁断检查的质量标准中，接头压线在（　　）包布处应小于 10 mm。

151. 胶帘布裁断检查的质量标准中，（　　）在帘布层处压 1～3 根。

152. 对存放期内（　　）的胶帘布禁止使用并报相关人员处理。

153. 胶帘布裁断检查的质量标准中，（　　）应小于 3 mm。

154. 圆筒形挤出机用以制造各种（　　）。

155. 帘布（　　）所使用的工具是卷尺。

156. 挤出是使高弹态的橡胶在挤出机机筒及（　　）的螺杆的相互作用下，连续地制成各种不同形状半成品的工艺过程。

157. 卷取的小卷帘布的（　　）要分别留有 1.5 m 左右的距离。

158. 用于测定橡胶（　　）的仪器一般称为流变仪或黏度计。

159. 橡胶加工过程中主要的（　　）是降解和交联。

160. 除非在相应橡胶评估程序中另有规定，试验室开放式炼胶机标准批混炼量应为基本配方量的（　　）倍。

161. 测定橡胶硬度时,按照标准规定加弹簧试验力使压足和试样表面紧密接触,当压足和试样紧密接触后,对于热塑性橡胶标准弹簧试验力保持时间为(   )s。

162. 测定橡胶硬度时,按照标准规定加弹簧试验力使压足和试样表面紧密接触,当压足和试样紧密接触后,对于硫化橡胶标准弹簧试验力保持时间为(   )s。

163. 橡胶密度试验时,每个样品至少应做两个试样,试验结果取两个试样的(   )。

164. 用厚度计测量拉伸性能哑铃状试样标距内的厚度时,应测量三点:一点在试样工作部分的中心处,另两点在两条标线的附近,取三个测量值的(   )为工作部分的厚度值。

165. 感应电流所产生的磁通总是企图(   )原有磁通的变化。

二、单项选择题

1. 长径比大,胶料在挤出机内走的路程(   )。
(A)无规律　　　(B)不定　　　(C)短　　　(D)长

2. 二辊压延机贴合操作较简便,精度(   )。
(A)较高　　　(B)较差　　　(C)适中　　　(D)可调

3. 贴合可以用三辊、四辊和(   )压延机。
(A)单辊　　　(B)二辊　　　(C)斜Z形　　　(D)倒L形

4. 冷喂料挤出机的长径比一般为(   )。
(A)3～8　　　(B)3～20　　　(C)8～17　　　(D)17～20

5. 长径比是指螺杆螺纹部分长度 L 与(   )之比。
(A)内螺距 p　　　(B)外螺距 P　　　(C)外直径 D　　　(D)内直径 d

6. 不属于螺杆工作部分的主要参数有(   )。
(A)内孔径　　　(B)螺纹升角　　　(C)压缩比　　　(D)导程

7. 热喂料挤出机的长径比一般在(   )之间。
(A)3～8　　　(B)3～20　　　(C)8～17　　　(D)8～20

8. 采用贴胶法,胶料对织物的渗透性(   )。
(A)大　　　(B)小　　　(C)高　　　(D)差

9. 采用贴胶法,压延速度快,效率(   )。
(A)大　　　(B)小　　　(C)高　　　(D)低

10. 挤出可用于胶料的过滤、造粒、(   )、金属丝覆胶及上下工序的联动。
(A)压延　　　(B)生胶的塑炼　　　(C)贴合　　　(D)密炼

11. 采用贴胶法,对织物损伤较(   )。
(A)大　　　(B)小　　　(C)高　　　(D)低

12. 挤出(   )地制成各种不同形状半成品的工艺过程。
(A)间歇　　　(B)手动　　　(C)连续　　　(D)间断

13. 挤出成型操作简单、工艺控制较容易,可(   )生产,产品质量稳定。
(A)间歇　　　(B)连续　　　(C)手动　　　(D)间断

14. 门尼黏度的测试是以(   )的方式来测定胶料流动性大小的一种试验。
(A)压缩　　　(B)转动　　　(C)拉伸　　　(D)其他

15. 可塑度的测试是以(   )的方式来测定胶料流动性大小的一种试验。

(A)压缩   (B)转动   (C)拉伸   (D)其他

16. 扯断伸长率是指橡胶试样扯断时,(　　)与原长度的比值。

(A)伸长部分   (B)扯断时总长度

(C)扯断后恢复 3 min 后的长度   (D)其他

17. 厚制品宜采用(　　),而薄制品可采用高温快速硫化。

(A)模压硫化   (B)蒸汽硫化   (C)注射硫化   (D)低温长时间硫化

18. 橡胶的(　　)的长短,不仅表明胶料热稳定性的高低,而且对硫化工艺的安全操作以及厚制品的硫化质量的好坏均有直接影响。

(A)硫化平坦期   (B)正硫化时间   (C)焦烧时间   (D)活化时间

19. 橡胶产品的(　　)须视制品所要求的性能和制品断面的厚薄而定。

(A)焦烧时间   (B)操作时间   (C)正硫化时间   (D)后硫化时间

20. 硫化过程中,(　　)内,交联尚未开始,胶料在模型内有良好的流动性。

(A)硫化起步阶段   (B)欠硫阶段   (C)正硫阶段   (D)过硫阶段

21. 下列不是开炼机混炼优点的是(　　)。

(A)设备投资小   (B)占地面积小

(C)劳动强度大   (D)使用于小批量、多品种生产

22. 下列是密炼机混炼优点的是(　　)。

(A)生产效率高   (B)适合炼多种彩色胶

(C)灵活性强   (D)适合小型橡胶工厂

23. 制品中的配合剂由内部迁移至表面的现象叫(　　),它是配合剂在胶料中形成过饱和状态或不相容所致。

(A)硫化   (B)喷硫   (C)焦烧   (D)喷霜

24. 在炼胶机上将各种配合剂均匀加入具有一定塑性的生胶中,这一工艺过程称为(　　)。

(A)洗胶   (B)塑炼   (C)混炼   (D)配合

25. 门尼黏度测定时使用的大转子尺寸为(　　)。

(A)(38.1 ± 0.03) mm   (B)(38.1 ± 0.05) mm

(C)(30.48 ± 0.03) mm   (D)(30.48 ± 0.02) mm

26. 门尼黏度实验所使用的仪器门尼黏度计属于(　　)。

(A)压缩型   (B)转动型   (C)压出型   (D)流变型

27. 撕裂强度试验每个样品至少需要(　　)个试样。

(A)3   (B)4   (C)5   (D)6

28. 浸泡后的拉伸性能试验在恒定温度下浸泡规定的时间,然后除去试样表面上的液体,在室温空气中停放(　　)min 后,在试样的狭小平行部分印上工作标线,测定试样浸泡后的拉伸强度、扯断伸长率。

(A)15   (B)20   (C)25   (D)30

29. 在混炼中,加料顺序不当最严重的的后果是(　　)。

(A)影响分散性   (B)导致脱辊   (C)导致过炼   (D)导致焦烧

30. 开炼机混炼的三个阶段不包括是(　　)。

(A)包辊　　　　　(B)吃粉　　　　　(C)薄通　　　　　(D)翻炼

31. 下列属于开炼机塑炼的优点( )。

(A)卫生条件差　　(B)劳动强度大　　(C)适应面宽　　(D)热可塑性大

32. 开炼机塑炼是借助( ),使分子链被扯断,而获得可塑度的。

(A)辊筒的挤压力和剪切力作用　　　　　(B)辊筒的撕拉作用

(C)辊筒的剪切力和撕拉作用　　　　　(D)辊筒的挤压力、剪切力和撕拉作用

33. 塑炼过程中会发生分子链断裂,( )不是影响分子链断裂的因素。

(A)机械力作用　　(B)塑解剂作用　　(C)温度的作用　　(D)压力作用

34. 开炼机混炼时需要割胶作业,主要目的是( )。

(A)散热　　　　　　　　　　　　(B)使配合剂分散均匀

(C)防止堆积胶太多　　　　　　　(D)压力

35. 密炼机塑炼的操作顺序为( )。

(A)称量→排胶→翻炼→压片→塑炼→投料→冷却下片→存放

(B)称量→投料→塑炼→排胶→翻炼→压片→冷却下片→存放

(C)称量→投料→压片→翻炼→塑炼→排胶→冷却下片→存放

(D)称量→翻炼→塑炼→投料→压片→排胶→冷却下片→存放

36. 若胶料的可塑度( ),混炼时配合剂不易混入,混炼时间会加长,压出半成品表面不光滑。

(A)不均匀　　　　(B)过高　　　　　(C)过低　　　　　(D)过快

37. 存放胶料垛放整齐,不粘垛,终炼胶垛放温度不超过( )。

(A)60 ℃　　　　　(B)40 ℃　　　　　(C)80 ℃　　　　　(D)105 ℃

38. 挂胶帘布或挂胶帆布作为橡胶制品的骨架层,如( )的尼龙挂胶帘布。

(A)编织胶管　　　(B)运输带　　　　(C)轮胎内胎　　　(D)轮胎垫带

39. 压延定型胶片如采用( )的办法,会使花纹清晰。

(A)加热　　　　　(B)急速冷却　　　(C)常温冷却　　　(D)慢速冷却

40. 在可能的条件下,配方中可多加填充剂和适量的软化剂或者( ),以防止花纹扁塌。

(A)再生胶　　　　(B)合成胶　　　　(C)树脂　　　　　(D)滑石粉

41. 橡胶硫化大都是加热加压条件下完成的,加热胶料需要一种能传递热能的物质,称为( )。

(A)硫化介质　　　(B)硫化剂　　　　(C)硫化活性剂　　(D)硫化促进剂

42. 构成硫化反应条件的主要因素,它们对硫化质量有决定性影响,通常称为硫化"三要素"是( )。

(A)压延、压力和压出　　　　　　(B)温度、压力和压出

(C)温度、压力和时间　　　　　　(D)温度、合模力和时间

43. 二次浸胶区停机注意事项有( )。

(A)冷却下片　　　　　　　　　　(B)将胶水抽回各自的桶里

(C)排胶、压片　　　　　　　　　(D)翻炼、压片

44. 浸胶区断纸要注意清理( )。

(A)皮带轮或齿轮处　　　　　　　(B)单动下涂辊和轮轴部位

(C)单动上涂辊和单动下涂辊　　　(D)轮轴部位

45. 浸胶车间不合格品很多,占总产量的(　　)左右是浸胶打折(包折痕)布。

(A)3%　　　　(B)4%　　　　(C)5%　　　　(D)8%

46. 采用擦胶法,胶料浸透程度(　　)。

(A)大　　　　(B)小　　　　(C)高　　　　(D)低

47. 采用贴胶法的两辊间摩擦力(　　)。

(A)大　　　　(B)小　　　　(C)高　　　　(D)低

48. 擦胶法较多用于经纬线(　　)的织物。

(A)帘布　　　　(B)密度大　　　　(C)密度适中　　　　(D)密度稀

49. 贴胶法较多用于薄的织物或经纬线(　　)的织物。

(A)帆布　　　　(B)密度大　　　　(C)密度适中　　　　(D)密度稀

50. 胶料可塑度大,压延辊温(　　)橡胶与布的附着力就高。

(A)适当调低　　　　(B)适当提高　　　　(C)保持不变　　　　(D)均可以

51. 胶层与纺织物在辊隙间停留时间短,胶与布的结合力较低是因为(　　)。

(A)辊速慢　　　　(B)辊速快　　　　(C)温度高　　　　(D)温度低

52. 纺织物的挂胶关键是要求橡胶与纺织物有良好的(　　)。

(A)温度　　　　(B)生产效率　　　　(C)生产节拍　　　　(D)附着力

53. 混炼温度过高,过早地加入硫化剂且混炼时间过长等因素会造成胶料产生(　　)。

(A)喷霜　　　　(B)配合剂结团　　　　(C)焦烧　　　　(D)凝结

54. 压型要求胶料应具有一定(　　)。

(A)延展性　　　　(B)可塑性　　　　(C)压力　　　　(D)温度

55. 开炼机轴承采用滑动轴承,轴衬用青铜或尼龙制造,它们的润滑方式各不相同,其中青铜轴衬的滑动轴承(　　)润滑油消耗量。

(A)节省　　　　(B)增加　　　　(C)不变　　　　(D)不一定

56. 压型主要依靠胶料的流动性来造型,而不是靠(　　)。

(A)延展性　　　　(B)可塑性　　　　(C)压力　　　　(D)温度

57. 混炼效果比较好的方法是(　　)。

(A)开炼机法　　　　(B)密炼机法　　　　(C)螺杆挤出机法　　　　(D)压延法

58. 开炼机辊筒常用材料为(　　)。

(A)铸钢　　　　(B)冷硬铸铁　　　　(C)硬质合金　　　　(D)青铜

59. 橡胶开炼机、密炼机、螺杆挤出机一般用(　　)来作冷却介质。

(A)油　　　　(B)空气　　　　(C)水　　　　(D)氮气

60. 纺织物挂胶方法可分为擦胶和(　　)。

(A)挤出　　　　(B)贴胶　　　　(C)压型　　　　(D)压片

61. 纤维帘线浸胶时在浸胶区的停机事项有(　　)。

(A)排胶、压片　　　　　　　(B)冷却下片

(C)清洗胶管、胶辊和胶盆　　(D)翻炼、压片

62. 纤维帘线浸胶时浸胶区断纸要注意拿掉(　　)。

(A)皮带轮或齿轮处　　　　　　　　(B)单动下涂辊和轮轴部位

(C)单动上涂辊和单动下涂辊　　　　(D)刮边器

63. 水性胶浆可在(　　)温度下使用。

(A)5~28 ℃　　　(B)5~48 ℃　　　(C)5~38 ℃　　　(D)3~28 ℃

64. 水性胶浆是以(　　)为介质。

(A)水　　　(B)93 号汽油　　　(C)97 号汽油　　　(D)120 号汽油

65. 线绳着浆过少,反应产物量即附胶量达不到规定值,从而影响线绳与橡胶间的(　　)态黏合。

(A)静　　　(B)动　　　(C)液　　　(D)固

66. 若胶料的可塑度(　　),混炼时配合剂也不易分散均匀,压出半成品挺性不好,压延时胶料会粘辊筒和垫布,硫化时胶料流失胶边过多。

(A)过高　　　(B)过低　　　(C)不均匀　　　(D)过快

67. 各种橡胶硫化后收缩范围一般为(　　),橡胶的收缩率有利于脱模,但不利于尺寸的准确。

(A)0.5%~1%　　　(B)1.5%~3%　　　(C)3%~3.5%　　　(D)3.5%~6%

68. 对大部分橡胶胶料,硫化温度每增加温度 10 ℃,硫化时间缩短(　　)。

(A)1/2　　　(B)1/3　　　(C)1/4　　　(D)1/5

69. 橡胶是热的不良导体,它的表面与内层温差随断面增厚而加大,当制品的厚度大于(　　)时,就必须考虑热传导、热容、模型的断面形状、热交换系统及胶料硫化特性和制品厚度对硫化的影响。

(A)1 mm　　　(B)1.5 mm　　　(C)6 mm　　　(D)10 mm

70. 橡胶制品在储存和使用一段时间以后,就会变硬、龟裂或发黏,以至不能使用,这种现象称之为(　　)。

(A)焦烧　　　(B)喷霜　　　(C)硫化　　　(D)老化

71. 硫化是橡胶工业生产加工的最后一个工艺过程。在这过程中,橡胶发生了一系列的化学反应,使之变为(　　)的橡胶。

(A)线形状态　　　(B)支链状态　　　(C)平面网状　　　(D)立体网状

72. 冷喂料挤出机螺杆的长径比较(　　),L/D 为 8~17,且螺纹深度较浅。

(A)低　　　(B)高　　　(C)小　　　(D)大

73. 配合剂均匀地(　　)于橡胶中是取得性能优良、质地均匀制品的关键。

(A)集中　　　(B)分散　　　(C)提升　　　(D)下降

74. 压延后的胶布厚度要均匀,表面无布褶、(　　)。

(A)厚度一致　　　(B)宽度一致　　　(C)无露线　　　(D)长度一致

75. 挂胶使(　　)线与线、层与层之间紧密地结合成一整体,共同承担外力的作用。

(A)内外胎　　　(B)纺织物　　　(C)内胎与垫带　　　(D)均可以

76. 白炭黑的(　　)会引起焦烧时间缩短及正硫化时间缩短。

(A)含水率大　　　(B)含水率低　　　(C)杂质多　　　(D)灰分多

77. 压延操作中可以采用(　　)方法来提高压延胶片的质量。

(A)降低辊温　　　(B)提高可塑性　　　(C)降低转速　　　(D)提高转速

78. 顺丁橡胶生胶或未硫化胶停放时会因自重发生流动,即(　　)。

(A)顺流　　　　　　(B)逆流　　　　　　(C)冷流　　　　　　(D)回流

79. 压延操作中不可以采用(　　)方法来提高压延胶片的质量。

(A)降低辊温　　　　(B)提高辊温　　　　(C)固定转速　　　　(D)提高转速

80. 以下选项不能用三辊压延机进行(　　)贴胶。

(A)一次两面　　　　(B)一次单面　　　　(C)单面两次　　　　(D)双面一次

81. 生胶或混炼胶的(　　),可表征半成品在硫化之前的成型性能,它影响生产效率和成品质量。

(A)黏度　　　　　　(B)硬度　　　　　　(C)比重　　　　　　(D)温度

82. 炼胶时的(　　)是胶料在辊筒上的重要加工性能。

(A)包辊性　　　　　(B)冷流性　　　　　(C)焦烧性　　　　　(D)耐热性

83. 贴胶指将两层(或一层)薄胶片通过(　　)的辊筒间隙,在辊筒的压力作用下,压贴在帘布两面(或一面)。

(A)三个不等速　　　(B)四个等速　　　　(C)两个等速　　　　(D)两个不等速

84. 橡胶的加工指由生胶及其配合剂经过一系列化学与物理作用制成橡胶制品的过程:生胶的塑炼、塑炼胶与各种配合剂的混炼及成型、胶料的(　　)等。

(A)硫化　　　　　　(B)分解　　　　　　(C)氧化　　　　　　(D)促进

85. 由于天然橡胶主链结构是非极性,根据极性相似原理它不耐(　　)等非极性的溶剂。

(A)汽油、甲苯　　　(B)汽油、水　　　　(C)酒精、水　　　　(D)葡萄糖、酒精

86. 三辊压延机贴胶对堆积胶的要求是(　　)。

(A)两辊间有大量积胶　　　　　　　　(B)三辊间没有积胶

(C)两辊间有适当的积胶　　　　　　　(D)三辊间均有适当的积胶

87. 线型聚合物在化学的或物理的作用下,通过化学键的联接,成为(　　)结构的化学变化过程称为硫化(或交联)。

(A)线形　　　　　　(B)空间网状　　　　(C)菱形　　　　　　(D)三角形

88. 压延方式采用薄擦是指(　　)。

(A)包擦　　　　　　(B)光擦　　　　　　(C)胶层较厚　　　　(D)用胶量多

89. 压延方式采用厚擦是指(　　)。

(A)包擦　　　　　　(B)光擦　　　　　　(C)胶层较厚　　　　(D)用胶量多

90. 以下属于压力贴胶的特点的是(　　)。

(A)积胶的压力将胶料挤压到布缝中去　(B)三辊间没有积胶胶料

(C)帘线受到的张力较小　　　　　　　(D)性能得到优化

91. 胶料在混炼、压延或压出操作中以及在硫化之前的停放期间出现的早期硫化称为(　　)。

(A)硫化　　　　　　(B)喷硫　　　　　　(C)焦烧　　　　　　(D)喷霜

92. 制品中的配合剂由内部迁移至表面的现象是(　　)。

(A)硫化　　　　　　(B)喷硫　　　　　　(C)焦烧　　　　　　(D)喷霜

93. 制品中的硫黄由内部迁移至表面的现象是(　　)。

(A)硫化　　　　　　(B)喷硫　　　　　　(C)焦烧　　　　　　(D)冷流

94. 当需要（ ）时，浸胶区需要停机。
(A)将 pH 值调回至 8　　　　　　　(B)冷却下片
(C)排胶、压片　　　　　　　　　　(D)翻炼、压片

95. 硫化体系包括（ ）。
(A)硫化剂、硫化促进剂和硫化活性剂　(B)硫化剂、硫化促进剂
(C)硫化促进剂和硫化活性剂　　　　(D)硫化剂和硫化活性剂

96. 四辊压延机无法实现（ ）贴胶。
(A)一次两面　　(B)一次单面　　(C)单面两次　　(D)双面两次

97. 厚擦的特点是（ ）。
(A)胶层较厚　(B)耐屈挠性提高　(C)胶料的渗透好　(D)用胶量多

98. 四辊压延机贴合同时压延出（ ）胶片并进行贴合。
(A)一块　　　　(B)两块　　　　(C)三块　　　　(D)四块

99. 我国天然橡胶的产地则主要分布在海南、云南、广东、广西和福建等地区,其中海南、云南的天然橡胶总产量分别约占全国总产量的（ ）。
(A)70％和 25％　(B)35％和 60％　(C)60％和 35％　(D)30％和 55％

100. 乳胶浆主要成分是（ ）。
(A)天然橡胶和汽油　　　　　　　　(B)乳胶和汽油
(C)乳胶和水　　　　　　　　　　　(D)聚乙烯醇和水

101. 帘线密度的测定需要选取的指定长度为（ ）。
(A)5 cm　　　　(B)10 cm　　　　(C)15 cm　　　　(D)20 cm

102. 压延时胶料会发生塑性流动变形,在长度方向上表现为长度（ ）。
(A)延长　　　　(B)缩短　　　　(C)不变　　　　(D)不确定

103. 在最小辊距的（ ）处胶料流动快,从而在辊筒上形成速度梯度,产生剪切,使胶料产生塑性变形。
(A)两边　　　　(B)偏左　　　　(C)偏右　　　　(D)中央

104. 供胶过程中,宽度方向供胶要均匀,供胶宽度（ ）压延胶片宽度。
(A)大于　　　　(B)等于　　　　(C)小于　　　　(D)不确定

105. 热炼机一般与压延机呈（ ）安置。
(A)30°　　　　(B)60°　　　　(C)90°　　　　(D)180°

106. 辊温对压延质量的影响较大,辊温（ ）,流动性好,表面光滑。
(A)高　　　　(B)低　　　　(C)过高　　　　(D)过低

107. 纺织物的含水率一般比较高,因此,压延前必须对纺织物进行（ ）处理。
(A)干燥　　　　(B)加热　　　　(C)冷却　　　　(D)通风

108. 纺织物挂胶是利用（ ）将胶料渗透入纺织物内部缝隙并覆盖附着于织物表面成为胶布的压延作业。
(A)热炼机　　　(B)压延机　　　(C)混炼机　　　(D)硫化机

109. 塞帘布接头时,应先发出信号通知出料,然后再塞,主机前后人员要密切配合,塞料不准戴手套,应开（ ）车速。
(A)快挡　　　　(B)中等　　　　(C)慢挡　　　　(D)任意

110. 为了防止帘线浸胶时遇水发生收缩,在浸胶过程中必须对帘布施加恒定而均匀的( )作用。

(A)张力　　　　　(B)压力　　　　　(C)剪切力　　　　　(D)扭力

111. 要想保证工厂用电的安全,落地扇、手电钻等移动式用电设备就一定要安装使用( )。

(A)接地保护　　　(B)漏电保护开关　　(C)绝缘电缆　　　　(D)不确定

112. 纺织物贴胶是使织物和胶片通过压延机( )回转的两辊筒之间的挤压力作用下贴合在一起,制成胶布的挂胶方法。

(A)速差　　　　　(B)慢速　　　　　(C)快速　　　　　(D)等速

113. 热炼一般在热炼机上进行,也有的采用( )或连续混炼机完成。

(A)硫化机　　　　(B)螺杆挤出机　　　(C)成型机　　　　　(D)压延机

114. 经过充分干燥的帘布要进行( ),该工作紧接在干燥加热和冷却散热的后面。

(A)裁断　　　　　(B)空冷　　　　　(C)鼓风　　　　　(D)卷取

115. 与人造丝相比,尼龙帘布纤维极性( ),疏水性较大,表面更光滑。

(A)大　　　　　　(B)小　　　　　　(C)相当　　　　　(D)不确定

116. 擦胶分为包擦和光擦,两者区别主要是( )。

(A)辊筒数量　　　(B)辊筒排列　　　(C)中辊是否包胶　　(D)辊温

117. 与光擦法相比,包擦法的胶料渗入布层程度( )。

(A)深　　　　　　(B)浅　　　　　　(C)相同　　　　　(D)不确定

118. 返回胶的掺用比例最好不要超过( ),并且掺和要均匀。

(A)10%　　　　　(B)20%　　　　　(C)30%　　　　　(D)50%

119. 对存放期内喷霜的胶帘布( )使用并报相关人员处理。

(A)禁止　　　　　(B)可以　　　　　(C)让步　　　　　(D)操作人员自己决定

120. 帘布裁断过程中,对活褶子需要用( )进行处理。

(A)水　　　　　　(B)胶浆　　　　　(C)汽油　　　　　(D)手工拉伸

121. 胶帘布裁断的一般方法可分为( )裁断法、手工裁断法和冲切裁断法。

(A)电刀　　　　　(B)机械　　　　　(C)气动　　　　　(D)压力

122. 凡能提高硫化橡胶的拉断强度、定伸强度、耐撕裂强度、耐磨性等物理机械性能的配合剂,均称为( )。

(A)促进剂　　　　(B)补强剂　　　　(C)活化剂　　　　　(D)硫化剂

123. 关于硫化胶的结构与性能的关系,下列表述正确的是( )。

(A)硫化胶的性能仅取决被硫化聚合物本身的结构

(B)硫化胶的性能取决于主要由硫化体系类型和硫化条件决定的网络结构

(C)硫化胶的性能取决于硫化条件决定的网络结构

(D)硫化胶的性能不仅取决被硫化聚合物本身的结构,也取决于主要由硫化体系类型和
　　硫化条件决定的网络结构

124. 橡胶胶料的硬度在硫化开始后即迅速增大,在正硫化点时基本达到( )。

(A)最小值　　　　(B)中间值　　　　(C)最大值　　　　　(D)不确定

125. 四辊压延机贴合的工艺包含了压延和( )两个过程。

(A)贴合　　　　　(B)裁断　　　　　(C)成型　　　　　(D)挤出

126. 保证生产顺利进行和保证产品质量的第一关是(　　)。

(A)塑炼　　　　　(B)原材料检验　　　(C)配料工艺　　　(D)密炼工艺

127. 入厂加工的原材料必须进行质量检验,合格后方可入库,属于(　　)。

(A)进货关　　　　(B)保管关　　　　(C)出货关　　　　(D)快检关

128. 储存在仓库的原材料必须按照规定要求进行保管,保证其在有效使用期内的使用性能,做到不变质、不损坏、不丢失,属于(　　)。

(A)进货关　　　　(B)保管关　　　　(C)出货关　　　　(D)快检关

129. 不合格或已变质库存原材料严禁出库,以免引起后续产品生产加工过程出现问题,属于(　　)。

(A)进货关　　　　(B)保管关　　　　(C)出货关　　　　(D)快检关

130. 下列不属于开炼机混炼三个阶段的是(　　)。

(A)包辊　　　　　(B)吃粉　　　　　(C)翻炼　　　　　(D)薄通

131. 开炼机混炼的前提是(　　)。

(A)包辊　　　　　(B)吃粉　　　　　(C)翻炼　　　　　(D)薄通

132. 三辊压延机贴合是将(　　)的胶片或脸部与新压延的胶片进行贴合。

(A)较厚　　　　　(B)较薄　　　　　(C)预先制成　　　(D)新压延

133. 混炼中产生"脱辊"的解决办法不包括下面的(　　)。

(A)降温　　　　　(B)增大辊距　　　(C)加快转速　　　(D)提高速比

134. 下列不是影响包辊状态的因素是(　　)。

(A)辊温　　　　　(B)加料顺序　　　(C)切变速率　　　(D)生胶特性

135. 混炼胶必须冷却到(　　)以下才能堆垛停放。

(A)30 ℃　　　　(B)35 ℃　　　　(C)40 ℃　　　　(D)45 ℃

136. 混炼胶的补充加工不包括下面的(　　)。

(A)冷却　　　　　(B)停放　　　　　(C)滤胶　　　　　(D)返工

137. 下面生胶中是特种合成胶的是(　　)。

(A)SBR　　　　　(B)NBR　　　　　(C)EPDM　　　　(D)ECO

138. 二辊压延机适合贴合(　　)的胶片。

(A)宽度较大　　　(B)宽度较小　　　(C)厚度较大　　　(D)厚度较小

139. 二辊压延机是用普通(　　)二辊炼胶机进行。

(A)变速　　　　　(B)不等速　　　　(C)等速　　　　　(D)可调

140. 挤出时使高弹态的橡胶受挤出机机筒及转动的(　　)的相互作用。

(A)机身　　　　　(B)筒壁　　　　　(C)口型　　　　　(D)螺杆

141. 采用擦胶法,胶料与纺织物的附着力较(　　)。

(A)大　　　　　　(B)小　　　　　　(C)高　　　　　　(D)低

142. 橡胶的压延设备的结构特点及(　　)与塑料压延机是相似的。

(A)作用原理　　　(B)结构原理　　　(C)生产材料　　　(D)附属配套

143. 压片是指(　　)。

(A)把胶料制成一定厚度和宽度的胶片

(B)在作为制品结构骨架的织物上覆上一层薄胶

(C)胶片上压出某种花纹

(D)胶片与胶片、胶片与挂胶织物的贴合等作业

144. 防焦剂的作用是(　　)。

(A)促进硫化　　(B)增加焦烧时间　　(C)缩短焦烧时间　　(D)作用不大

145. 以下几种橡胶中,耐老化最好的是(　　)。

(A)天然橡胶　　(B)丁苯橡胶　　(C)顺丁橡胶　　(D)氯丁橡胶

146. 胶片贴合时要求各胶片有一致的(　　)。

(A)门尼黏度　　(B)可塑度　　(C)分散度　　(D)均匀性

147. 贴合是用压延机将两层薄胶片贴合成(　　)胶片的工艺。

(A)一层　　(B)两层　　(C)三层　　(D)四层

148. 以下橡胶中,储存稳定性最差的是(　　)。

(A)天然橡胶　　(B)丁苯橡胶　　(C)氯丁橡胶　　(D)顺丁橡胶

149. 橡胶随温度变化会产生三种物理状态,不属于这三种物理状态的是(　　)。

(A)玻璃态　　(B)高弹态　　(C)黏流态　　(D)液态

150. 长径比大,受到的剪切、挤压和混合作用就(　　)。

(A)无规律　　(B)不定　　(C)小　　(D)大

151. 压延方式中薄擦的特点是(　　)。

(A)纺织物附着力大　　　　(B)耐屈挠性较差

(C)挂胶量小　　　　(D)附着力较低

152. 橡胶在成型加工过程中主要应用的初混合设备包括(　　)。

(A)捏合机、高速混合机　　　　(B)捏合机、双辊塑炼机

(C)捏合机、密炼机　　　　(D)管道式捏合机、双辊塑炼机

153. 橡胶主要的混合塑炼设备包括(　　)。

(A)捏合机、高速混合机　　　　(B)捏合机、双辊塑炼机

(C)双辊塑炼机、密炼机　　　　(D)管道式捏合机、双辊塑炼机

154. 根据物料在螺杆中的变化特征将螺杆分为三个部分是指(　　)。

(A)加料段、压缩段、挤出段　　　　(B)加料段、压缩段、均化段

(C)加料段、塑化段、均化段　　　　(D)加料段、压缩段、压延段

155. 橡胶在成型加工过程中物料的(　　)一般是靠扩散、对流和剪切三种作用实现的。

(A)压延过程　　(B)压出过程　　(C)成型过程　　(D)混合过程

156. 挤出机的(　　)与口模的组成部件包括:过滤网、多孔板、分流器、模芯、口模和机颈等。

(A)夹具　　(B)机头　　(C)螺杆　　(D)压辊

157. 挤出成型是借助(　　)或柱塞的挤压作用。

(A)螺杆　　(B)机头　　(C)压辊　　(D)夹具

158. 挤出成型是通过挤压作用,使受热融化的橡胶在压力推动下,强行通过口模而成为具有恒定截面的(　　)型材的一种成型方法。

(A)间断　　(B)连续　　(C)间歇　　(D)均可

159. 橡胶的加工过程,形成( )网状结构的反应称为交联。
(A)一维 (B)二维 (C)三维 (D)四维

160. 橡胶结构单元或纤维状填料在某种程度上( )流动的方向作平行排列,这种排列常成为取向。
(A)交叉 (B)垂直 (C)逆向 (D)顺着

161. 压出同种胶料,半成品规格大的,膨胀率( )。
(A)大 (B)小 (C)不变 (D)不确定

162. 胶料在挤出机内的运动,除了顺流外,还有三种状态,不包括( )。
(A)逆流 (B)横流 (C)漏流 (D)环流

163. 冷喂料挤出机的单位产量与( )成正比。
(A)长径比 (B)压缩比 (C)螺杆转速 (D)温度

164. 一般来说,冷喂料挤出机的长径比比热喂料挤出机的长径比( )。
(A)大 (B)小 (C)相等 (D)不确定

165. 一般来说,冷喂料挤出机的压出温度设定可以比热喂料挤出机的温度设定( )。
(A)高 (B)低 (C)相等 (D)不确定

三、多项选择题

1. 压延时无积胶法不适用于( )。
(A)三元乙丙橡胶 (B)氯丁橡胶 (C)天然橡胶 (D)丁苯橡胶

2. 挤出机可以生产( )等半成品。
(A)轮胎胎面 (B)内胎胎筒 (C)纯胶管 (D)电线电缆

3. 压出(挤出)是使高弹态的橡胶受到挤出机( )的相互作用。
(A)机身 (B)口型 (C)螺杆 (D)机筒

4. 挤出机结构通常由( )加热冷却装置、传动系统等部分组成。
(A)机筒 (B)螺杆 (C)机头(口型) (D)加料装置

5. 机筒的结构形式按结构可分为( )。
(A)整体式 (B)组合式 (C)分体式 (D)复合式

6. 压型是指将热炼后的胶料压制成具有一定( )的胶片的工艺。
(A)断面形状 (B)表面具有某种花纹
(C)帘布刮胶 (D)钢丝挂胶

7. 压型主要有( )方式。
(A)两辊压延机压型 (B)三辊压延机压型
(C)四辊压延机压型 (D)五辊压延机压型

8. 挤出机可以于胶料( )等半成品。
(A)过滤 (B)造粒 (C)塑炼 (D)混炼

9. 橡胶的磨耗形式主要有( )。
(A)老化磨耗 (B)磨损磨耗 (C)疲劳磨耗 (D)卷取磨耗

10. 密炼机卸料装置的结构形式有( )。
(A)滑动式 (B)摆动式 (C)上下式 (D)左右式

11. 密炼机室的冷却方式有( )。

(A)喷淋式 　　　　(B)水浸式 　　　　(C)夹套式 　　　　(D)钻孔式

12. 椭圆形转子密炼机按其旋转突棱的数目不同,可分为( )。

(A)一棱转子 　　　(B)双棱转子 　　　(C)三棱转子 　　　(D)四棱转子

13. 下列试验方法属于压缩法的是( )。

(A)门尼黏度法 　　　　　　　　　　(B)华莱士可塑度法

(C)德佛可塑性测量法 　　　　　　　　(D)门尼焦烧

14. 硫化橡胶的静态黏弹性能测试有( )等几种方法。

(A)冲击弹性测试 　(B)蠕变测试 　　　(C)应力松弛测试 　(D)动态测试

15. 硫化橡胶的老化性能测试包括但不限于下列( )几种。

(A)自然老化 　　　(B)热空气老化 　　(C)臭氧老化 　　　(D)湿热老化

16. 橡胶疲劳性能试验有以下( )几大类。

(A)压缩疲劳试验 　　　　　　　　　　(B)曲挠龟裂试验

(C)拉伸疲劳试验 　　　　　　　　　　(D)蠕变试验

17. 橡胶压缩永久变形测试方法有( )两种。

(A)恒定压缩永久变形 　　　　　　　　(B)静压缩变形

(C)疲劳压缩变形 　　　　　　　　　　(D)热压缩变形

18. 硫化橡胶的扩散与渗透性能测试主要有( )几大类。

(A)透气性能测试 　　　　　　　　　　(B)透水性能及透湿性能测试

(C)真空放气率测试 　　　　　　　　　(D)油扩散测试

19. 橡胶补强剂能使硫化胶的( )同时获得明显的提高。

(A)硫化速度 　　　(B)撕裂强度 　　　(C)耐磨耗性 　　　(D)拉伸强度

20. 二次浸胶区停机注意事项有( )。

(A)将胶水抽回各自的桶里 　　　　　　(B)冷却下片

(C)清洗胶管、胶辊 　　　　　　　　　(D)清洗胶盆

21. 浸胶区断纸要注意清理有( )。

(A)二次抹平辊 　　　　　　　　　　　(B)单动下涂辊和轮轴部位

(C)第一段烘箱内断纸 　　　　　　　　(D)单动上涂辊和单动下涂辊

22. 浸胶时出现打折的原因有( )。

(A)设计工艺有问题 　　　　　　　　　(B)纬丝收缩不匀

(C)转产时,前后工艺变化大,修改太急 　(D)轻型布和重型布之间没有直接相连

23. 压型的工艺要点与( )不相同。

(A)压延 　　　　　(B)成型 　　　　　(C)硫化 　　　　　(D)压片

24. 挤出生产的特点是( )。

(A)操作简单 　　　(B)连续化 　　　　(C)自动化 　　　　(D)效率高

25. 可以用压型工艺制作的半成品有( )。

(A)胶鞋鞋底 　　　(B)胎面的坯胶 　　(C)帘布刮胶 　　　(D)钢丝挂胶

26. 压延时有适量的积存胶可使胶片( )。

(A)表面光滑 　　　(B)减少内部气泡 　(C)提高密实程度 　(D)减少压延效应

27. 水性胶浆配合各种添加剂有（　　）。
(A)增黏剂　　(B)硫化剂　　(C)增塑剂　　(D)分散剂

28. 胶浆搅拌机主要由（　　）组成。
(A)桶体　　(B)搅拌桨　　(C)电机　　(D)传动装置

29. 压延机类型依据辊筒的（　　）不同而异。
(A)大小　　(B)数目　　(C)排列方式　　(D)转速

30. 压延准备工艺中，需要对胶料进行热炼，热炼工艺包括（　　）。
(A)粗炼　　(B)混炼　　(C)细炼　　(D)挤出

31. 粗炼一般采用低温薄通方法，即以（　　）对胶料进行加工，主要使胶料补充混炼均匀，并可适当提高其可塑性。
(A)高辊温　　(B)低辊温　　(C)小辊距　　(D)大辊距

32. 短纤维作为填充补强材料，可以赋予制品（　　）等优异性能。
(A)高模量　　(B)高强度　　(C)耐冲击　　(D)减振

33. 尼龙帘线较之人造丝具有（　　）的特点。
(A)纤维极性大　　(B)疏水性较大　　(C)表面光滑　　(D)与橡胶黏合强度高

34. 与涂胶作业相比，擦胶的优点在于（　　）。
(A)不用溶剂　　(B)避免气泡　　(C)利于职工健康　　(D)符合多快好省的原则

35. 开炼机塑炼的优点是（　　）。
(A)卫生条件差　　(B)劳动强度大　　(C)适应面宽　　(D)投资小

36. 开炼机炼胶的翻炼方法是（　　）。
(A)薄通法　　(B)三角包法　　(C)斜刀法　　(D)打卷法

37. 橡胶的压延工艺包括（　　）。
(A)压片　　(B)压型　　(C)贴胶　　(D)贴合

38. 橡胶的压延设备的与塑料压延机（　　）是相似的。
(A)作用原理　　(B)结构特点　　(C)生产材料　　(D)附属配套

39. 开炼机的规格一般以辊筒工作部分的（　　）来表示。
(A)转速　　(B)直径　　(C)长度　　(D)速比

40. 压片压延机主要用于压片或纺织物贴胶，一般为（　　），各辊转速相同。
(A)三辊　　(B)四辊　　(C)两辊　　(D)五辊

41. 通用(万能)压延机兼有压片和擦胶两种压延机的作用，一般为（　　），各辊的速比可以改变。
(A)三辊　　(B)四辊　　(C)两辊　　(D)五辊

42. 浸胶胶乳工艺条件中影响浸胶因素有（　　）。
(A)浓度　　(B)组成　　(C)浸胶时间　　(D)纺织物张力

43. 纺织物工艺中条件影响浸胶因素有（　　）。
(A)浓度　　(B)组成　　(C)浸胶时间　　(D)张力

44. 挤压辊工艺条件中影响浸胶因素有（　　）。
(A)浓度　　(B)压力　　(C)浸胶时间　　(D)干燥条件

45. 浸胶区停机事项有（　　）。

(A)将胶水抽回各自的桶里　　　　　　(B)冷却下片

(C)清洗胶管、胶辊和胶盆　　　　　　(D)翻炼、压片

46.已浸胶的纺织物,在压延前需要(　　　)。

(A)烘干　　　　(B)制浆　　　　(C)刮浆　　　　(D)牵引

47.含水率过大会降低橡胶与(　　　)的附着力。

(A)尼龙帘布　　　(B)聚酯帘布　　　(C)锦纶帘布　　　(D)棉纶帘布

48.三辊压延机进行(　　　)贴胶。

(A)一次两面　　　(B)一次单面　　　(C)单面两次　　　(D)双面两次

49.贴胶指将两层(或一层)薄胶片通过(　　　)的辊筒间隙,在辊筒的压力作用下,压贴在帘布两面(或一面)。

(A)三个不等速　　(B)三个等速　　(C)两个等速　　(D)两个不等速

50.过分干燥会损伤纺织物,降低其(　　　)。

(A)张力　　　　(B)物性　　　　(C)捻度　　　　(D)强度

51.纺织物的干燥一般在(　　　)干燥机上进行。

(A)炼胶机　　　(B)烘箱　　　　(C)立式　　　　(D)卧式

52.纺织物挂胶方法可分为(　　　)。

(A)挤出　　　　(B)贴胶　　　　(C)擦胶　　　　(D)压片

53.压延后的胶布质量要求有(　　　)。

(A)厚度要均匀　　(B)表面无布褶　　(C)无露线　　　(D)长度一致

54.下列现象是由过炼引起的(　　　)。

(A)配合剂分散不均匀　　　　　　　(B)橡胶分子被严重破坏

(C)成品性能下降　　　　　　　　　(D)能耗增加

55.挂胶帘布可提高纺织物的(　　　),以保证制品具有良好的使用性能。

(A)防水性　　　(B)弹性　　　　(C)可塑性　　　(D)柔软性

56.挂胶使纺织物(　　　)之间紧密地结合成一整体,共同承担外力的作用。

(A)线与线　　　(B)层与层　　　(C)胶与胶　　　(D)均可以

57.干燥机的(　　　)依据纺织物的含水率而定。

(A)强度　　　　(B)硬度　　　　(C)牵引速度　　　(D)温度

58.纺织物的干燥与压延机组成(　　　)。

(A)串行　　　　(B)并行　　　　(C)独立　　　　(D)联动装置

59.下列说法错误的是(　　　)。

(A)胶料在地面铺设的铁板上不算胶料落地

(B)胶料标识只包括卡片和手写垛顶两部分

(C)建垛时机以不超温为原则

(D)下辅线中间开炼机需切落两次或上翻胶辊两个来回后方可发料

60.橡胶挤出机由多种类型,按工艺用途不同可分为(　　　)及脱硫挤出机等。

(A)压片挤出机　　(B)滤胶挤出机　　(C)塑炼挤出机　　(D)混炼挤出机

61.压出工艺过程中常会出现很多质量问题,如半成品表面不光滑、焦烧、起泡或海绵、厚薄不均、条痕裂口、半成品规格不准确等,其主要影响因素为(　　　)。

(A)胶料的配合 (B)胶料的可塑度

(C)压出温度 (D)压出速度

62. 挂胶帘布或挂胶帆布作为橡胶制品的骨架层,如( )的尼龙挂胶帘布。

(A)编织胶管 (B)运输带 (C)轮胎内胎 (D)轮胎外胎

63. 热喂料压出工艺一般包括( )等工序。

(A)成型 (B)胶料热炼 (C)压出 (D)冷却

64. 下列属于螺杆工作部分的主要参数有( )。

(A)导程 (B)槽深 (C)螺纹升角 (D)螺纹头数

65. 纺织物挂胶用( )压延机在纺织物上挂上一层薄胶。

(A)两辊压延机压型 (B)三辊压延机压型

(C)四辊压延机压型 (D)五辊压延机压型

66. 将( )的胶料用辊速相同的压延机压制成具有一定厚度和宽度的胶片是压片。

(A)热炼后 (B)预热好 (C)贴好胶 (D)擦好胶

67. 非活化聚酯涤纶的活化处理是涤纶作为骨架材料应用的重要步骤,通常有( )方法。

(A)前期处理 (B)后期处理

(C)对涤纶原丝进行活化处理 (D)涤纶线绳在加工时进行活化处理

68. 影响线绳强力的因素有( )。

(A)捻度 (B)胶料的配方

(C)线绳质量的尺度 (D)浸胶的工艺

69. 浸胶的主要工艺参数有( )。

(A)时间与压力 (B)温度和张力 (C)温度与速度 (D)张力与拉伸比

70. 刮浆必须遵守的操作规程有( )。

(A)用汽油和其他易燃溶液洗涮地面

(B)工作前必须首先开动抽风机

(C)黏结剂、溶剂、汽油、棉纱等,应分类存放

(D)严禁在刷浆室及工作场地吸烟

71. 压片时胶片应( )。

(A)表面光滑 (B)不皱缩 (C)无气泡 (D)厚度均匀

72. 帘布裁断机有( )等类型。

(A)立式 (B)卧式 (C)摇臂式 (D)斜裁

73. 帘布裁断时需关注的工艺条件有( )。

(A)胶帘布停放时间不少于2 h

(B)垫布不倒卷不准使用

(C)倒好的垫布卷一律放在架子上,不准落地

(D)垫布宽度要大于帘布宽度80~100 mm

74. 卷取完的小卷帘布要挂好标有( )等标记的卡片。

(A)轮胎规格 (B)层级 (C)帘线层数 (D)日期

75. 裁断前需确认帘布的信息是( )。

(A)压延大卷材料帘线排布密度　　　　(B)确认原材料代码及生产时间

(C)确认材料修边状态　　　　　　　　(D)确认材料附胶状态

76. 裁断机使用前需进行保养的内容有(　　)。

(A)确认设备运转是否正常　　　　　　(B)安全装置逐一确认,是否有效

(C)是否有漏油现象,防止油污黏附材料上　(D)裁断刀定期更换

77. 裁断后卷取时需注意(　　)。

(A)卷取完成后将材料标签安插在台车标签槽内

(B)卷取前后速度比例调整适中

(C)要防止材料打皱、拉伸

(D)防止材料卷偏

78. 半成品标签内容包含(　　)。

(A)材料生产机台　　　　　　　　　　(B)原材料信息

(C)材料宽度、角度、卷取长度　　　　　(D)规格(半成品材料代号)

79. 钢丝压出前应(　　)。

(A)无水迹　　　(B)无铁锈　　　　(C)无灰尘　　　　(D)无油污

80. 钢丝缠绕布要求(　　)。

(A)可重叠缠绕　　　　　　　　　　　(B)允许触角小于1 mm

(C)要缠紧接头　　　　　　　　　　　(D)不准露出钢丝

81. 钢丝缠绕布描述正确的是(　　)。

(A)混放　　　(B)允许手动缠绕　　　(C)要用机器缠紧　　(D)不允许手动缠绕

82. 冷喂料压出供胶胶条描述正确的是(　　)。

(A)胶条可在地上整齐拉直　　　　　　(B)割胶条时不允许用脚踏胶

(C)直接通刀手工裁料　　　　　　　　(D)胶条宽度(45±5)mm

83. 贴合钢丝带束层不允许偏歪是因为(　　)。

(A)易产生磨胎肩　　(B)生热最高　　　(C)受力最大　　　(D)主要受力部件

84. 热喂料压出工艺流程有(　　)。

(A)胶料热炼　　　(B)喂料压出　　　(C)预称量　　　　(D)自动定长裁断

85. 热喂料压出的目的有(　　)。

(A)易于压出

(B)使胶料的温度较接近挤出机或压延机的工艺操作温度

(C)提高胶料的机械可塑性和热可塑性

(D)预先加热软化

86. 钢丝帘布压延工序的特点有(　　)。

(A)生产能力小　　　(B)控制系统复杂　　(C)设备精密　　　(D)质量要求高

87. 压延过程中帘布出现露白的原因包含(　　)。

(A)帘线污染　　　　　　　　　　　　(B)压延速度过快,供胶不足

(C)辊温过低,其胶料温度过低　　　　　(D)胶料热炼不均

88. 钢丝帘布断头原因有(　　)。

(A)以下都不是　　　　　　　　　　　(B)帘线的长度还有差异

(C)钢丝帘线压延的尾端　　　　　　　(D)压延张力过大,钢丝帘线焊接处断开

89. 型胶压延制造工序的主要装置有(　　)。

(A)裁断装置　　　(B)锭子房　　　(C)卷取装置　　　(D)定中心装置

90. 设备需要装金属探测器的工序是(　　)。

(A)混炼　　　　　　　　　　　　　(B)双复合压出机供料

(C)钢丝压延　　　　　　　　　　　(D)型胶压延

91. 压出工序工艺控制要点有(　　)。

(A)控制好供胶的温度　　　　　　　(B)控制好螺杆的温度

(C)控制好机头的温度　　　　　　　(D)控制好机身的温度

92. 钢丝胎圈缠绕成型机的主要设备装置(　　)。

(A)冷却牵引鼓　　(B)冷喂料挤出机　(C)钢丝预热装置　(D)钢丝导开装置

93. 以下关于绍尔 A 型硬度计的说法正确的是(　　)。

(A)可以用来测热塑性橡胶的硬度　　(B)可以用来测硫化橡胶的硬度

(C)可以用来测未硫化橡胶的硬度　　(D)可以用来测钢铁的硬度

94. 钢丝帘布裁断机的主要装置有(　　)。

(A)铡刀式裁断装置　　　　　　　　(B)定中心装置

(C)送布装置　　　　　　　　　　　(D)钢丝帘布导开装置

95. 钢丝帘布裁断质量标准是(　　)。

(A)裁断宽度公差:30°裁断机±1.5 mm　(B)裁断宽度公差:90°裁断机±2 mm

(C)裁断宽度公差:15°裁断机±1 mm　(D)裁断角度公差:±0.5°

96. 钢丝帘布裁断工艺要点有(　　)。

(A)连续裁断 100 刀左右,再一次检查裁断宽度尺寸

(B)裁断后的钢丝帘布的帘线端头要整齐,不散头

(C)喷霜的钢丝帘布和胶片不能用于生产

(D)不要上错钢丝帘布大卷

97. 压延主要用于(　　)。

(A)压片　　　　　(B)贴合　　　　　(C)挂胶　　　　　(D)成型

98. 影响压延质量的因素有(　　)。

(A)门尼黏度　　　(B)辊速　　　　　(C)辊温　　　　　(D)制胚

99. 压延效应产生的原因有(　　)。

(A)伸张率大　　　　　　　　　　　(B)收缩率大

(C)粒子效应　　　　　　　　　　　(D)取向后不易恢复到原来的尺寸

100. 压延设备按辊筒排列形式分(　　)。

(A)Ⅰ型(直线型)、△型　　　　　　(B)Γ型(倒 L 型)

(C)L 型　　　　　　　　　　　　　(D)Z 型

101. 以下属于压延胶料预热的有(　　)。

(A)塑炼　　　　　(B)粗炼　　　　　(C)细炼　　　　　(D)混炼

102. 对于压延前纺织物烘干描述正确的是(　　)。

(A)保证压延质量　　　　　　　　　(B)提高纺织物的温度

(C)减少纺织物的含水量　　　　　　(D)含水率控制在 1%～2%

103. 压延胶片冷却方法有(　　　)。

(A)水槽冷却　　　(B)敷粉卷取　　　(C)自然冷却　　　(D)冷却鼓冷却

104. 压型工艺对配方的要求是(　　　)。

(A)胶料收缩变形率小　　　　　　　(B)含胶率不宜过高

(C)含水率不宜过高　　　　　　　　(D)混炼温度不能过高

105. 帘布压延的目的是(　　　)。

(A)起防护纺织材料的作用

(B)增加成型黏性

(C)增加纺织材料的弹性、防水性

(D)使纺织物线与线、层与层之间紧密地合成一整体,共同承担外力的作用

106. 生产中常用的帘布压延方法有(　　　)。

(A)热炼　　　　(B)压力贴胶　　　(C)擦胶　　　　(D)贴胶

107. 可以用压延擦胶方式生产的有(　　　)。

(A)子口包布　　(B)帆布　　　　　(C)网格织布　　(D)塑料布

108. 常用的压延擦胶方法有(　　　)。

(A)厚擦　　　　(B)光擦　　　　　(C)薄擦　　　　(D)包擦

109. 压延工序所使用的胶料的要求有(　　　)。

(A)焦烧危险性小　　　　　　　　　(B)胶层无气泡

(C)收缩变形小　　　　　　　　　　(D)胶料的包辊性、流动性适当

110. 挤出机螺杆按螺距分为(　　　)。

(A)发散式　　　(B)等距收敛式　　(C)复合螺纹　　(D)等深不等距

111. 挤出机的机头结构形式一般有(　　　)。

(A)直向形　　　(B)喇叭形　　　　(C)斜 Z 形　　　(D)Y 形

112. 挤出膨胀是指(　　　)。

(A)直径比口型大　　　　　　　　　(B)直径比口型小

(C)断面尺寸比口型大　　　　　　　(D)断面尺寸比口型小

113. 配方对挤出的影响因素有(　　　)。

(A)生胶种类　　(B)含胶率　　　　(C)可塑度　　　(D)热炼

114. 热喂料挤出需要胶料热炼的目的是(　　　)。

(A)降低能耗　　　　　　　　　　　(B)胶料易于挤出

(C)进一步提高混炼胶的热塑性　　　(D)进一步提高混炼胶的均匀性

115. 挤出的工艺参数中重要的有(　　　)。

(A)可塑度　　　(B)热炼温度　　　(C)机台温度　　(D)挤出速度

116. 挤出速度是指单位时间内的(　　　)。

(A)挤出宽度　　(B)挤出长度　　　(C)挤出重量　　(D)挤出厚度

117. 挤出后冷却的目的是(　　　)。

(A)防止变形　　　　　　　　　　　(B)降低挤出物的流动性

(C)降低挤出物的热塑性　　　　　　(D)防止半成品在停放时产生自硫

118. 挤出产品冷却的方法有(　　　)。

(A)水槽冷却　　　　(B)自然冷却　　　　(C)喷淋冷却　　　　(D)风机冷却

119. 挤出产品裁断时主要依据(　　　)。

(A)厚度　　　　(B)长度　　　　(C)质量　　　　(D)宽度

120. 挤出产品卷取一般有(　　　)。

(A)手工盘接　　　　(B)手工堆放　　　　(C)百页车存放　　　　(D)机械绕盘

121. 适用于压出生产的胶料的特点有(　　　)。

(A)含胶率高　　　　(B)停放变形少　　　　(C)低收缩率　　　　(D)含胶率低

122. 外观上对挤出产品配方的要求有(　　　)。

(A)韧性　　　　(B)弹性　　　　(C)光滑　　　　(D)挺性

123. 挤出膨胀率与(　　　)相关。

(A)含胶率　　　　(B)挤出容量　　　　(C)黏弹性　　　　(D)设备功率

124. 挤出胶料需考虑的因素有(　　　)。

(A)硬度高　　　　(B)焦烧期长　　　　(C)硫化快　　　　(D)可塑度高

125. 压延时胶料(　　　)时,其辊温应较高。

(A)含胶量高　　　　(B)含胶量低　　　　(C)弹性小　　　　(D)弹性大

126. 压延时胶料(　　　)时,其辊温应较低。

(A)含胶量高　　　　(B)含胶量低　　　　(C)弹性小　　　　(D)弹性大

127. 为使胶片在辊筒间顺利转移,各辊应有一定的(　　　)。

(A)扰度　　　　(B)温差　　　　(C)轴交叉　　　　(D)辊距

128. 常用四辊压延机可以进行(　　　)贴胶。

(A)一次两面　　　　(B)一次单面　　　　(C)单面两次　　　　(D)双面两次

129. 可塑度过低对硫化带来的影响有(　　　)。

(A)易焦烧　　　　　　　　(B)收缩率小

(C)容易造成产品缺胶　　　　(D)不易流动充模

130. 可塑度过低对压延压出带来的影响有(　　　)。

(A)挺性好　　　　(B)黏附性较差　　　　(C)收缩率大　　　　(D)半成品表面不光滑

131. 螺杆工作部分是指(　　　)。

(A)螺纹部　　　　(B)头部　　　　(C)尾部　　　　(D)喂料口

132. 可塑度过高会带来的影响有(　　　)。

(A)容易分散均匀　　　　(B)收缩率大　　　　(C)收缩率小　　　　(D)挺性不好

133. 可塑度低对性能会带来的影响有(　　　)。

(A)成品使用好　　　　　　　　(B)物理机械性能好

(C)成品使用损害严重　　　　(D)物理机械性能损害严重

134. 可塑度高对硫化会带来的影响有(　　　)。

(A)胶料易流失　　　　(B)收缩率大　　　　(C)容易产生气泡　　　　(D)胶边较多

135. 正硫化的测定方法有(　　　)。

(A)物理—化学法　　　　(B)物理机械性能法　　　　(C)专用仪器法　　　　(D)化学法

136. 按螺纹的结构形式挤出机螺杆分(　　　)。

(A)普通型　　　(B)分流型　　　(C)分离型　　　(D)复合型

137. 压型制品对胶料的( )有特别的要求。

(A)混炼　　　(B)工艺条件　　　(C)配方　　　(D)分散度

138. 压延定型胶片一般采用急速冷却的办法,使花纹( )。

(A)定型　　　(B)清晰　　　(C)防止变形　　　(D)圆滑

139. 压延操作中可以采用( )方法来提高压延胶片的质量。

(A)降低辊温　　　(B)提高辊温　　　(C)降低转速　　　(D)提高转速

140. 压型要求胶料应具有一定( )。

(A)流动性　　　(B)可塑性　　　(C)压力　　　(D)温度

141. 压型时在可能的条件下,配方中可多加( ),以防止花纹扁塌。

(A)再生胶　　　(B)合成胶　　　(C)填充剂　　　(D)软化剂

142. 压型挤出机的机头主要作用是( )。

(A)胶料由螺旋运动变为直线运动　　　(B)胶料在挤出前产生必要的挤出压力

(C)挤出半成品密实　　　(D)胶料进一步塑化均匀

143. 螺杆螺纹部分长径比大,产生的作用有( )。

(A)剪切大　　　(B)挤压大　　　(C)混合大　　　(D)路程长

144. 螺杆加料端压缩比大,产生的作用有( )。

(A)易焦烧　　　(B)升温高　　　(C)质地致密　　　(D)阻力大

145. 混炼胶停放主要的目的是( )。

(A)生成更多的结合橡胶　　　(B)胶料进一步均匀

(C)配合剂继续扩散　　　(D)使胶料进行松弛,减小收缩

146. 按螺杆外形分类,挤出机的螺杆分为( )。

(A)圆柱形　　　(B)圆锥形

(C)圆柱圆锥复合形螺杆　　　(D)普通

147. 按螺纹方向分类挤出机的螺杆分( )。

(A)普通　　　(B)左旋　　　(C)右旋　　　(D)复合螺纹

148. 按螺纹头数分类挤出机的螺杆分( )。

(A)单头　　　(B)双头　　　(C)三头　　　(D)复合螺纹

149. 螺杆是挤出机的主要工作部件,它在工作中使胶料( ),从而获得致密均匀的半成品。

(A)塑化　　　(B)塑炼　　　(C)混合　　　(D)压缩

150. 喂料口侧壁螺杆的一旁加一压辊构成旁压辊喂料的优点有( )。

(A)供胶均匀　　　(B)无堆料　　　(C)质地致密　　　(D)提高产能

151. 由于橡胶具有( ),当含胶率较高时,压延后的花纹易变形。

(A)弹性　　　(B)复原性　　　(C)可塑性　　　(D)分散性

152. 压型制品要求( )。

(A)温度一致　　　(B)尺寸准确　　　(C)花纹清晰　　　(D)胶料致密

153. 橡胶硫化体系包含有( )等部分。

(A)填充剂　　　(B)促进剂　　　(C)活化剂　　　(D)硫化剂

154. 橡胶加工成型过程中取向按照流动成因可分为(　　　)。

(A)拉伸取向　　　(B)流动取向　　　(C)单轴取向　　　(D)双轴取向

155. 橡胶加工成型过程中取向按照取向方式可分为(　　　)。

(A)拉伸取向　　　(B)流动取向　　　(C)单轴取向　　　(D)双轴取向

四、判 断 题

1. 压延后的胶帘布停放时间不得少于 2 小时。(　　　)

2. 卷取装置是橡胶的压延生产线上的附属设备。(　　　)

3. 干燥装置是橡胶的压延生产线上的附属设备。(　　　)

4. 扩布器是橡胶的压延生产线上的附属设备。(　　　)

5. 钢丝压延机用于钢丝帘布的贴胶,一般为四辊。(　　　)

6. 压型压延机用于制造表面有花纹或有一定断面形状的胶片,有两辊、三辊、四辊,其中一个辊筒表面刻有花纹或沟槽。(　　　)

7. 压型是指把胶料制成一定厚度和宽度的胶片。(　　　)

8. 排除压延机生产故障时,切断电源也不可以进行维修作业。(　　　)

9. 成型机开机前不须检查电源是否正常,空气压力是否足够。(　　　)

10. 胶帘布裁断检查的质量标准中,大头小尾应小于 4 mm。(　　　)

11. 裁断时可以用手干预裁断作业,只要多加小心就是。(　　　)

12. 当胶料出现脱辊时,可以洒入少许古马隆。(　　　)

13. 压出胎面收缩率偏大,与胶料可塑度偏低有关。(　　　)

14. 配方卡片、工艺卡片可以随意摆放。(　　　)

15. 压延方式中薄擦的特点是指中辊不包胶。(　　　)

16. 未硫化的橡胶低温下变软,高温下变硬,没有保持形状的能力且力学性能较低。(　　　)

17. 合成橡胶的综合性能是所有橡胶中最好的。(　　　)

18. 压延方式采用包擦时挂胶量小。(　　　)

19. 包擦方式压延时成品耐屈挠性较差。(　　　)

20. 光擦方式压延时所得的胶层较厚。(　　　)

21. 橡胶制品在储存和使用一段时间以后,就会变硬、龟裂或发黏,以至不能使用,这种现象称之为"老化"。(　　　)

22. 合成橡胶的性能:具有较好的弹性,是通用橡胶中弹性最好的一种橡胶。(　　　)

23. 光擦方式压延时成品的耐屈挠性提高。(　　　)

24. 丁苯橡胶的弹性较高,在通用橡胶中仅次于顺丁橡胶。(　　　)

25. 压延机辊速快,压延速度快,胶与布的结合力就高。(　　　)

26. 丁腈橡胶是一种合成橡胶。(　　　)

27. 压延辊距大小对压延的质量影响小。(　　　)

28. 贴合也可以用两种不同胶料组成的胶片,夹布层胶片的制作。(　　　)

29. 除非在相应橡胶评估程序中另有规定,试验室开放式炼胶机标准批混炼量应为基本配方量的 3 倍。(　　　)

30. 橡胶测试试样调节,仲裁鉴定试验的温度可以是(27±2)℃。(　　　)

31. 丁苯橡胶被誉为"无龟裂"橡胶,在通用橡胶中它的耐臭氧性能是最好的。(　　)

32. 天然橡胶的耐热老化性能在通用橡胶中是最好的。(　　)

33. 混炼过程实质上就是使橡胶的大分子断裂,大分子链由长变短的过程,塑炼的目的就是便于加工制造。(　　)

34. 把各种配合剂和具有塑性的生胶,均匀地混合在一起的工艺过程,称为混炼。(　　)

35. 橡胶加工的基本工艺过程为塑炼、混炼、压延、压出、成型和硫化。(　　)

36. 橡胶老化试验时,不同种试样可以一起放置,对试验结果无影响。(　　)

37. 橡胶产品试验,硫化与试验之间的时间间隔不得超过三个月。(　　)

38. 橡胶分析检验中,最后报告的不确定度有效位数一般不超过 4 位。(　　)

39. 有效数字修约采用"4 舍 6 入 5 取舍"的修约原则,有效数字后面第 1 位数≤4 舍去,而≥6 进位,若=5,则看 5 前面的数,偶进奇不进,即该数为偶数,进一位,该数为奇数则不进。(　　)

40. 直导线在磁场中运动一定会产生感应电动势。(　　)

41. 能增加促进剂的活性,减少促进剂用量,缩短硫化时间,并可提高硫化强度的物质叫填充剂。(　　)

42. 二辊压延机贴合是用普通不等速二辊炼胶机进行。(　　)

43. 二辊压延机可以贴合厚度较大的胶片。(　　)

44. 四辊压延机贴合的工艺包含了压延和贴合两个过程。(　　)

45. 当胶料冷却时过量的硫黄会析出胶料表面形成结晶,这种现象称为"交联"。(　　)

46. 在一定条件下,对生胶进行机械加工,使之由强韧的弹性状态变为柔软而具有可塑性状态的工艺过程,称为硫化。(　　)

47. 压延后的胶片收缩变形要适当,胶料表面要光滑,不易产生气泡和针孔,不容易发生焦烧现象等。(　　)

48. 胎面表面打磨麻面的目的是去除毛刺。(　　)

49. 胎面压出变异系数等于压出后胎面胶尺寸除以压出长度。(　　)

50. 添加了硫黄的混炼胶加热后可制得塑性变形减小的,弹性和拉伸强度等诸性能均优异的制品,该操作称为硫化。(　　)

51. 硫化是橡胶工业生产加工的最后一个工艺过程。在这过程中,橡胶发生了一系列的化学反应,使之变为立体网状的橡胶。(　　)

52. 三辊压延机贴合操作较简便,但精度较差。(　　)

53. 挤出是指橡胶的线型大分子链通过化学交联而构成三维网状结构的化学变化过程。(　　)

54. 从理论上,胶料达到最大交联密度时的硫化状态称为正硫化。(　　)

55. 四辊压延机的"同时贴合法"是将压延出来的两块新鲜胶片进行热贴合。(　　)

56. 胶片贴合时可塑度一致易产生脱层、起鼓等现象。(　　)

57. 交联的形成和交联密度的增加都会提高滞后损耗,降低橡胶弹性。(　　)

58. 硫化胶网络中如含有一定量单硫交联键时,耐疲劳性能较高。(　　)

59. 二次浸胶区如遇停机时要关掉齿轮泵开关。(　　)

60. 二次浸胶区如遇断纸时要注意擦洗二次抹平辊。(　　)

61. 包擦法指织物经中、下辊缝时,部分胶料擦入织物中,余胶仍包在中辊上。(　　)

62. 橡胶混炼产生的有害因素主要是炭黑粉尘、有机粉尘、氧化锌、高温。（　　）

63. 橡胶喷浆产生的有害因素主要是氨、汽油、甲醛。（　　）

64. 橡胶上光产生的有害因素主要是甲苯、汽油。（　　）

65. 胶辊表面加工产生的有害因素主要是碳化硅尘、有机粉尘。（　　）

66. 胶片压出产生的有害因素主要是有机粉尘。（　　）

67. 纺织缠绕产生的有害因素主要是噪声。（　　）

68. 车间抹过油的废布、废棉纱不能随意丢放，应放在废纸箱内。（　　）

69. 压力表在装用前应做校验，并在刻度盘上划红线，指出工作时最高压力。（　　）

70. 甲烷、二氧化碳、氮气等气体是单纯性窒息气体。（　　）

71. 一般纱布口罩不能起到防尘口罩的作用。（　　）

72. 电工可以穿防静电工作鞋。（　　）

73. 生胶开炼机塑炼时，其分子断裂是以机械断裂为主。（　　）

74. 包辊和粘辊是一回事。（　　）

75. 由于硫黄加入易产生焦烧现象，所以硫黄应在最后加入，并控制排胶温度和停放温度。（　　）

76. 采用硫黄粉硫化胶料耐老化性好，强度低。（　　）

77. 在胶料同一部分取试样，也能全面反映胶料快检结果是否符合要求。（　　）

78. 挤出胶含胶率越高半成品膨胀收缩率越小。（　　）

79. 为了防止炭黑飞扬应将油料与炭黑搅拌后加入。（　　）

80. 炭黑用量较多的胶料可采用分段混炼。（　　）

81. 二次浸胶区如遇断纸时要注意清理第二段烘箱内断纸。（　　）

82. 二次浸胶区如遇停机时要清洗机台及胶辊和胶盆。（　　）

83. 塑炼后塑炼胶、混炼后胶料冷却目的是不同的。（　　）

84. 水性胶浆工艺上适应于滴浆、拖浆、浸浆等形式。（　　）

85. 水性胶浆的表面张力也是影响胶粘剂的浸透及润湿的一个重要因素。（　　）

86. 为了提高黏着强力，要对剥开后所有需要粘接的表面进行打磨。（　　）

87. 胶浆根据用途可分为普通胶浆和特殊胶浆。（　　）

88. 线绳吸收过多的浆料，渗入线绳的内部，不会造成浆料的浪费和线绳的强力损失。（　　）

89. 线绳浸胶不能影响线绳的热收缩、伸长等。（　　）

90. 带背胶层的制备采用延压机进行压型胶片，胶片厚度约为 1 mm。（　　）

91. 覆盖胶胶片要求当班压片当班贴合，存放时间最长不超过 8 小时，如因故不能按时使用时，应回车。（　　）

92. 如果贴胶的两辊间有适当的积胶，不叫贴胶。（　　）

93. V 带成型机有线绳 V 带成型机及帘布 V 带成型机。（　　）

94. 包边式平带成型机结构主要由带芯导开小车、活动胶布导开架、固定胶布导开架、成型机牵引装置、涂粉装置以及卷取装置组成。（　　）

95. 在一定条件下，对生胶进行机械加工，使之由强韧的弹性状态变为柔软而具有可塑性状态的工艺过程，称为混炼。（　　）

96. 一个橡胶配方起码包括生胶聚合物、硫化剂、促进剂、活性剂、防老剂、补强填充剂、软化剂等基本成分。（　　　）

97. 判断是否是三辊压延机贴胶就是贴胶的两辊间没有积胶。（　　　）

98. 压力贴胶原理是利用积胶的压力将胶料挤压到布缝中去。（　　　）

99. 压延后的胶片收缩变形要适当，胶料表面要光滑，不易产生气泡和针孔，不容易发生焦烧现象等。（　　　）

100. 结合橡胶的生成有助于炭黑附聚体在混炼过程中发生破碎和分散均匀。（　　　）

101. 三辊压延机可以进行一次两面贴胶。（　　　）

102. 未硫化的橡胶低温下变硬，高温下变软，没有保持形状的能力且力学性能较低。（　　　）

103. 三辊压延机可以进行一次单面贴胶。（　　　）

104. 四辊压延机可以进行单面两次贴胶。（　　　）

105. 二次浸胶区发生停机不能将 pH 值调回至 8。（　　　）

106. 二次浸胶区发生断纸要注意打起上涂辊和上抹平辊。（　　　）

107. 贴胶是将两层（或一层）薄胶片通过两个不等速的辊筒间隙，在辊筒的压力作用下，压贴在帘布两面（或一面）。（　　　）

108. 挤出成型设备占地面积小、质量轻、机器结构简单、造价低、灵活机动性大。（　　　）

109. 天然胶中橡胶大分子的分子量差别很大，赋予天然胶良好的加工性能。（　　　）

110. 防焦剂 CTP 可以延长胶料的焦烧时间，也可以减缓胶料的硫化速度。（　　　）

111. 采用合理的加药顺序，使用不溶性硫黄都可减少喷硫现象。（　　　）

112. 当胶料冷却时过量的硫黄会析出胶料表面形成结晶，这种现象称为"焦烧"。（　　　）

113. 能增加促进剂的活性，减少促进剂用量，缩短硫化时间，并可提高硫化强度的物质叫补强剂。（　　　）

114. 在胶料中主要起增容作用，即增加制品体积，降低制品成本的物质称为填充剂。（　　　）

115. 把各种配合剂和具有塑性的生胶，均匀地混合在一起的工艺过程，称为塑炼。（　　　）

116. 挂胶因使用设备压力挂胶，不需要求橡胶与纺织物有良好的附着力。（　　　）

117. 挂胶可保证制品具有良好的使用性能。（　　　）

118. 缠绕胶管的成型，主要骨架结构为纤维。（　　　）

119. 我国目前生产的吸引胶管，属于夹布结构的胶管，成型方法不同于软心法夹布胶管成型方法。（　　　）

120. 处于正硫化后期的过硫化状态，硫化胶或产品的物性较差。（　　　）

121. 挤出成型的特点可根据产品的不同要求，通过改变机头口型成型出各种断面形状的半成品。（　　　）

122. 压延操作中可以采用降低转速等方法来提高压延胶片的质量。（　　　）

123. 压延操作中可以采用提高辊温方法来提高压延胶片的质量。（　　　）

124. 压延定型胶片不能采用急速冷却的办法，使花纹定型、清晰，防止变形。（　　　）

125. 压型要求胶料应具有一定的可塑性。（　　　）

126. 二次浸胶区如遇停机时则排胶、压片。（　　　）

127. 压型主要依靠压力来造型。（　　　）

128. 压型主要依靠胶料的流动性来造型，而不是靠压力。（　　　）

129. 配方中可多加填充剂和适量的软化剂或者再生胶,以防止花纹扁塌。(　　)
130. 由于橡胶具有弹性复原性,压延后的花纹不易变形。(　　)
131. 当含胶率较高时,压延后的花纹易变形。(　　)
132. 压型制品要求花纹清晰,尺寸准确,胶料致密。(　　)
133. 挤出工艺适合于胶料的过滤、造粒、生胶的塑炼、金属丝覆胶及上下工序的联动。(　　)
134. 压型的工艺要点与压片大致相同。(　　)
135. 压型主要使用三辊压延机压型。(　　)
136. 压型是指胶料压制成具有一定断面形状或表面具有某种花纹的胶片的工艺。(　　)
137. 压延时有适量的积存胶可使胶片减少压延效应。(　　)
138. 压延时有适量的积存胶可使胶片有利于减少内部气泡。(　　)
139. 压延时有适量的积存胶可使胶片表面光滑。(　　)
140. 压延时有适量的积存胶可使胶片提高密实程度。(　　)
141. 压延时无积胶法适用于天然橡胶。(　　)
142. 混炼胶质量快检有可塑度测定或门尼黏度的测定、门尼焦烧、硬度测定。(　　)
143. 胶料的可塑度过大、过低,不会影响加工操作和产品质量。(　　)
144. 压出是使胶料通过挤出机机筒壁和螺杆之间的作用,连续地制成各种不同形状半成品的工艺过程。(　　)
145. 根据胶料在机筒内的流动状态,挤出机的生产能力应为顺流、漏流等流动的总和。(　　)
146. 橡胶模压时使用硅油涂模具的目的是有利于脱模。(　　)
147. 压延时有积胶法适用于天然橡胶。(　　)
148. 橡胶在混炼过程中涂隔离剂是为了防止胶片之间发生粘连。(　　)
149. 压延操作是连续进行的,压延速度比较快,生产效率比较高。(　　)
150. 压延工艺能完成的作业形式中包括胶料的压片、压型和胶片贴合。(　　)
151. 为保证压延质量,对操作技术水平的要求很高,必须做到操作技术熟练,但对工艺条件掌握上可以不严格。(　　)
152. 纺织物的含水率不影响压延的质量。(　　)
153. 压延过程中,辊温对压延质量的影响很小。(　　)
154. 测量帘布的宽度一般使用卷尺。(　　)
155. 对帘布裁断机而言,可以直接进行裁断作业,而不需要进行事先的点检。(　　)
156. 裁断准备过程中,没有必要按压延的先后顺序上大卷胶帘布。(　　)
157. 一般说来,胶料黏度越高,压延速度越快,辊温越低,供胶量越多,压延半成品厚度和宽度也越大。(　　)
158. 帘布压延时严禁任何人在张力辊筒周围走动。(　　)
159. 浸胶区停机要清洗机台及地面。(　　)
160. 开始裁断及更换规格时,卷布前要自检前三张的角度和宽度。(　　)
161. 对存放期内喷霜的胶帘布只要用汽油进行处理后就能使用。(　　)
162. 裁断过程中,帘布有粘连现象时,要进行停车整理工作。(　　)

163. 帘布裁断作业过程中,必须保证清洁,无杂物。(　　)

164. 胶帘布裁断检查的质量标准中,接头压线在帘布层处压 1～3 根。(　　)

165. 帘布裁断过程中,对发现的活褶子可以不进行处理,继续进行裁断作业。(　　)

166. 粗炼一般采用低温薄通的方法,使胶料补充混炼均匀,并可以适当提高其可塑性。
(　　)

167. 纺织物擦胶压延工艺中,提高胶料的可塑度对胶料的流动和渗透作用影响很小。(　　)

168. 纺织物擦胶压延通常是在三辊压延机上进行的。(　　)

169. 在通常的加工条件下,橡胶形变主要是高弹形变。(　　)

170. 橡胶的黏弹性行为与加工温度 T 有密切关系。(　　)

五、简 答 题

1. 简述理论上喷霜发生的原因。

2. 简述压片的定义。

3. 简述快检项目包含的内容。

4. 简述挤出机机筒按结构分类时包含的形式。

5. 简述挤出机螺杆的主要作用。

6. 简述通用(万能)压延机用途。

7. 简述擦胶对胶料的要求。

8. 简述引起焦烧的主要原因。

9. 简述钢丝压延机用途。

10. 简述压延前胶料要热炼的原因。

11. 简述喷硫的胶料的处理方法。

12. 简述粗炼和细炼的主要作用。

13. 简述压片时胶片的主要外观要求。

14. 简述压出的定义。

15. 简述贴三角胶条的内容。

16. 举出两种提高压延胶片的质量的方法。

17. 至少列出五种纤维织物类的名称。

18. 简述纺织物挂胶的方法。

19. 简述压延机贴胶的常用方式。

20. 简述厚擦贴胶的特点。

21. 简述薄擦贴胶的特点。

22. 简述贴合适用范围。

23. 简述压延贴胶法的适用范围。

24. 简述可以提高压延附着力的方法。

25. 简述帘线标识"1890D/2-24EPI"中"/2"的含义。

26. 简述纤维帘线表示方法中 EPI 的意思。

27. 简述纤维帘线表示方法中"初捻"的定义。

28. 简述三辊压延机贴胶分类。

29. 简述纤维帘线表示方法中特(tex)的意思。

30. 简述压延时供胶的设备实现方式。

31. 简述聚酯帘线的表示方法。

32. 简述钢丝帘线的特点。

33. 简述压力贴胶的优缺点。

34. 简述压型与压片的工艺要点区别。

35. 简述钢丝压延工艺流程。

36. 简述压延法胶片压延流程。

37. 简述三角胶贴合含义。

38. 简述挤出机螺杆的主要参数。

39. 简述纤维帘布裁断工艺。

40. 简述压延后的钢丝附胶帘布要采用塑料垫布卷取的原因。

41. 简述挤出机头分类方法。

42. 简述如何消除压延效应。

43. 简述压力贴胶的概念。

44. 简述挤出口型膨胀产生的原因。

45. 简述汽油胶浆的工艺制造方法。

46. 简述胶浆常用的溶剂种类。

47. 简述影响线绳质量的主要技术因素。

48. 请详细说明图1贴胶方式中辊筒速度的关系。

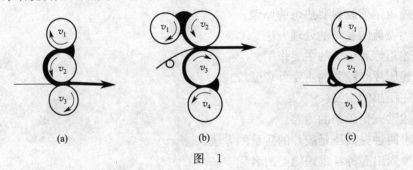

图 1

49. 简述胶片压延时,各辊筒的温度确定方法。

50. 简述热炼的主要作用。

51. 简述纺织物挂胶工艺。

52. 简述纺织物贴胶的含义。

53. 简述贴胶压延法的主要优点。

54. 简述压延工艺的概念。

55. 简述压延擦胶法中掉皮缺陷的含义及其原因。

56. 简述压延准备工艺过程中,常用的供胶方法。

57. 简述浸胶的纺织物的含水量对压延的影响。

58. 简述帘线浸胶的干燥装置方式。

59. 简述压延擦胶的原理。

60. 简述浸胶工业上通常运用的涂胶干燥装置种类。

61. 图2是擦胶工艺示意图,请简述各自的形式及辊筒速度关系。

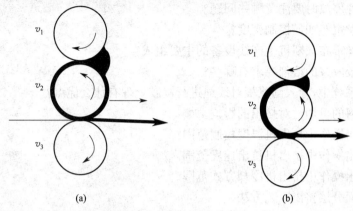

图   2

62. 简述影响浸胶帘布质量的因素。

63. 简述贴胶的工艺要点。

64. 压延效应会影响要求各项同性的制品的质量,简述减小的方法。

65. 简述帘布裁断工艺。

66. 简述热伸张处理工艺步骤。

67. 公司质量管理体系文件分几层? 包括哪些?

68. 铁路客车零部件实行分级分类管理,分几类管理,如何分级管理?

69. 什么是关键工序?

70. 请阐述公司质量方针的内涵。

六、综 合 题

1. 在浸胶时预防打折的措施有哪些?

2. 一次浸胶区出现帘布打折时的注意事项有哪些?

3. 一次浸胶区设备正常运行事项有哪些?

4. 一次浸胶区设备注意事项有哪些?

5. 贴合的注意事项有哪些?

6. 已知某开炼机装车容量 80 L,一次炼胶时间 25 min,胶料密度为 1 120 kg/m³,设备利用系数为 0.85,求生产能力。

7. 综述挂胶的目的。

8. 挤出机的机筒与螺杆之间有什么关联要求?

9. 贴合带束层为什么不许偏歪?

10. 综述口型设计的一般原则。

11. 挤出物的冷却目的是什么?

12. 纤维帘线压延主要控制点有哪些?

13. 钢丝压延主要控制点有哪些?

14. 钢丝圈成型控制要点有哪些？

15. 纤维帘布裁断控制要点有哪些？

16. 混炼胶片停放时要注意哪些问题？

17. 综述钢丝帘布如何控制密度？

18. 综述钢丝帘布裁断机生产线设备的主要组成？

19. 制备橡胶胶浆的溶剂要求有哪些？

20. 在布线系统中，导入刮浆板对线绳进行浸胶处理有什么优点？

21. 综述胶料的可塑性对挤出的影响。

22. 综述压出操作中挤出机温度控制范围。

23. 综述压出操作中挤出机挤出速度范围。

24. 综述压出操作中挤出机冷却方式范围。

25. 综述胎面分层挤出工艺方法。

26. 根据物料的变化特征可将螺杆分为几个阶段，如图 3 所示，它们各自的作用是什么？

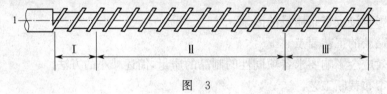

图　3

27. 什么是滤胶工艺？

28. 综述冷喂料挤出的特点。

29. 综述压出速度对压出半成品的收缩及质量的影响。

30. 公司计量器具分类中 B 类测量设备的范围包括哪些？

31. 什么是鲨鱼皮症？试总结产生的原因。

32. 综述挤出成型、注射成型、压制成型、压延成型各自的工艺过程。

33. 图 4 为螺杆结构的结构示意图，图中的字母标示了螺杆的主要参数，请分别指出它们是什么？这些参数是怎样影响加工性能的？

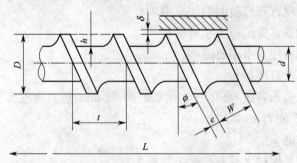

图 4　螺杆结构的主要参数

D—螺杆外径；d—螺杆根径；t—螺距；W—螺槽宽度；e—螺纹宽度；

h—螺槽深度；ϕ—螺旋角；L—螺杆长度；δ—间隙

34. 中车股份公司质量工作中"一杜绝、两减少、三控制"的具体内容是什么？

35. 综述挤出成型的工作原理。

橡胶半成品制造工(中级工)答案

一、填 空 题

1. 顺线	2. 胎面机头	3. 露白	4. 无脱层
5. 压手	6. 停机	7. 伤人	8. 集中
9. 3	10. 干燥	11. 挤压	12. 新鲜
13. 停止	14. 过热水	15. 成品性能	16. 擦胶贴合
17. 工艺加工性能	18. 热	19. 作用原理	20. 速比
21. 四辊	22. 干燥装置	23. 氧	24. 树脂
25. 外观质量	26. 交联	27. 塑炼时间	28. 混炼时间
29. 降低硫化温度	30. 低	31. 1号胶	32. 上涂辊
33. 5%	34. 可塑度	35. 柔软	36. 凝固
37. 刮浆机	38. 胶水氨液	39. 贴胶	40. 加热
41. 甲苯	42. 压力	43. 压型	44. 浓度
45. 擦胶	46. 形状	47. 压片	48. 油污
49. 加工方式	50. 长度 L	51. 大	52. 对接
53. 压辊	54. 压出机	55. 刮边器	56. 8
57. 厚度	58. 温差	59. 钢丝	60. 各自
61. 混放	62. 低	63. 压缩比	64. 8 h
65. 2	66. 聚酯类	67. 表面光滑	68. 提高
69. 早期硫化	70. Z捻	71. 压型	72. 断面形状
73. 相同	74. 冷却	75. 收缩	76. 冷
77. 每1 000 m	78. 配方	79. 110	80. 湿控
81. 胶辊	82. 整经辊	83. 压延主张力	84. 花纹
85. 流动性	86. 0.96	87. 附胶	88. 压延机
89. 子口	90. 三角胶条	91. 提高	92. 单动下涂辊
93. 露铜	94. 弹性	95. 裁断	96. 积胶
97. 复合性好	98. 38	99. 三辊	100. 热收缩
101. 热稳定性	102. 黏合力	103. 120	104. 胶料
105. 快于	106. 卷取	107. 粗炼	108. 速度
109. 大于	110. 愈好	111. 准确	112. 高
113. 热收缩性大	114. 小	115. 压延效应	116. 螺杆挤出机
117. 低温薄通	118. 大	119. 附着力	120. 较低
121. 附着力	122. 较差	123. 辊筒速比	124. 光擦法

125. 流动	126. 提高	127. 最大	128. 热伸张
129. 辊距	130. 低辊温	131. 宽度	132. 停车
133. 压延	134. 防护眼镜	135. 2	136. 可塑度
137. 汽油	138. 禁止	139. 量角器	140. 轮胎胎面
141. 差	142. 高	143. 垫布	144. 一层
145. 100 mm	146. 200 mm	147. 等速	148. 不允许
149. 较大	150. 钢丝圈	151. 接头压线	152. 喷霜
153. 接头出角	154. 空心制品	155. 宽度测量	156. 转动
157. 头和尾	158. 流变性质	159. 化学变化	160. 4
161. 15	162. 3	163. 平均值	164. 中值
165. 阻止			

二、单项选择题

1. D	2. B	3. B	4. C	5. C	6. A	7. A	8. D	9. C
10. B	11. B	12. C	13. B	14. B	15. A	16. A	17. D	18. A
19. C	20. A	21. C	22. A	23. D	24. C	25. A	26. B	27. C
28. D	29. D	30. C	31. C	32. D	33. D	34. B	35. B	36. C
37. B	38. B	39. B	40. A	41. A	42. C	43. B	44. C	45. C
46. A	47. B	48. B	49. D	50. B	51. B	52. D	53. C	54. B
55. B	56. C	57. B	58. B	59. C	60. B	61. C	62. D	63. C
64. A	65. B	66. A	67. B	68. A	69. C	70. D	71. D	72. D
73. B	74. C	75. B	76. A	77. C	78. C	79. B	80. A	81. A
82. A	83. C	84. A	85. A	86. C	87. B	88. B	89. A	90. A
91. C	92. D	93. B	94. A	95. A	96. D	97. B	98. B	99. C
100. C	101. B	102. A	103. D	104. B	105. C	106. A	107. A	108. B
109. C	110. A	111. B	112. C	113. B	114. D	115. B	116. C	117. A
118. C	119. A	120. C	121. A	122. B	123. D	124. C	125. A	126. C
127. A	128. B	129. C	130. D	131. A	132. D	133. B	134. C	135. B
136. D	137. D	138. C	139. C	140. D	141. C	142. A	143. A	144. B
145. D	146. B	147. A	148. D	149. D	150. D	151. D	152. C	153. C
154. B	155. D	156. B	157. A	158. B	159. C	160. A	161. C	162. D
163. C	164. A	165. A						

三、多项选择题

1. ABD	2. ABCD	3. CD	4. ABCD	5. AB	6. AB	7. ABC
8. ABC	9. BCD	10. BC	11. ABCD	12. BD	13. BC	14. ABC
15. ABCD	16. ABC	17. AB	18. ABCD	19. BCD	20. ACD	21. ACD
22. ABC	23. ABC	24. ABCD	25. AB	26. ABC	27. ABCD	28. ABD
29. BC	30. AC	31. BC	32. ABCD	33. BC	34. ABCD	35. CD

36. ABCD　37. ABCD　38. AB　　39. BC　　40. AB　　41. AB　　42. AB
43. CD　　44. BD　　45. AC　　46. AD　　47. ABCD　48. BC　　49. BC
50. BD　　51. CD　　52. BC　　53. ABC　54. BCD　55. AB　　56. AB
57. CD　　58. AD　　59. ABC　60. ABCD　61. ABCD　62. BD　　63. BCD
64. ABCD　65. BCD　66. AB　　67. ABCD　68. ABD　69. BCD　70. BCD
71. ABCD　72. ABCD　73. ABCD　74. ABCD　75. ABCD　76. ABCD　77. ABCD
78. ABCD　79. ABCD　80. BC　　81. CD　　82. BD　　83. ABCD　84. ABCD
85. ABCD　86. BCD　87. ABCD　88. BCD　89. ACD　90. BCD　91. BCD
92. ABCD　93. AB　　94. ABCD　95. BCD　96. ABCD　97. ABC　98. ABC
99. CD　　100. ABCD　101. BC　　102. ABCD　103. ABCD　104. AB　　105. ABCD
106. BCD　107. ABC　108. ABCD　109. ABCD　110. BCD　111. ABD　112. AC
113. ABC　114. BCD　115. ACD　116. BC　　117. ABCD　118. ACD　119. BC
120. AD　　121. BCD　122. CD　　123. AC　　124. BD　　125. AD　　126. BC
127. BC　　128. ABC　129. ACD　130. ACD　131. AB　　132. ACD　133. AB
134. ACD　135. ABC　136. ABCD　137. BC　　138. ABC　139. BC　　140. AB
141. ACD　142. ABCD　143. ABCD　144. ABCD　145. ABCD　146. ABC　147. BC
148. ABCD　149. ACD　150. ABCD　151. AB　　152. BCD　153. BCD　154. AB
155. CD

四、判 断 题

1. √　　2. √　　3. √　　4. √　　5. √　　6. √　　7. ×　　8. √　　9. ×
10. √　　11. ×　　12. ×　　13. √　　14. ×　　15. √　　16. ×　　17. ×　　18. √
19. √　　20. √　　21. √　　22. ×　　23. √　　24. ×　　25. ×　　26. √　　27. ×
28. √　　29. ×　　30. ×　　31. √　　32. √　　33. ×　　34. √　　35. √　　36. ×
37. √　　38. ×　　39. ×　　40. ×　　41. ×　　42. ×　　43. √　　44. √　　45. ×
46. ×　　47. √　　48. ×　　49. √　　50. √　　51. √　　52. ×　　53. ×　　54. √
55. √　　56. ×　　57. ×　　58. ×　　59. √　　60. √　　61. √　　62. √　　63. √
64. √　　65. √　　66. √　　67. √　　68. ×　　69. √　　70. √　　71. √　　72. ×
73. √　　74. ×　　75. √　　76. ×　　77. ×　　78. ×　　79. ×　　80. √　　81. √
82. √　　83. √　　84. √　　85. √　　86. √　　87. √　　88. ×　　89. ×　　90. ×
91. √　　92. ×　　93. ×　　94. √　　95. ×　　96. √　　97. ×　　98. √　　99. √
100. √　　101. ×　　102. √　　103. √　　104. ×　　105. ×　　106. √　　107. ×　　108. √
109. √　　110. √　　111. √　　112. ×　　113. ×　　114. √　　115. ×　　116. ×　　117. √
118. ×　　119. √　　120. √　　121. √　　122. √　　123. √　　124. ×　　125. √　　126. ×
127. ×　　128. √　　129. √　　130. ×　　131. √　　132. √　　133. √　　134. √　　135. √
136. √　　137. ×　　138. √　　139. √　　140. √　　141. √　　142. √　　143. ×　　144. √
145. ×　　146. √　　147. ×　　148. √　　149. √　　150. √　　151. ×　　152. ×　　153. √
154. √　　155. ×　　156. ×　　157. √　　158. √　　159. √　　160. √　　161. ×　　162. √
163. √　　164. √　　165. ×　　166. √　　167. ×　　168. √　　169. ×　　170. √

五、简 答 题

1. 答：引起喷霜的主要原因是生胶塑炼不充分(1分)；混炼温度过高(1分)；混炼胶停放时间过长(1分)；硫黄粒子大小不均(1分)；称量不准确等(1分)。有的也因配合剂选用不当而导致喷霜。

2. 答：将预热好的胶料用辊速相同(2分)的压延机压制成具有一定厚度和宽度的胶片(3分)。

3. 答：密度、可塑度、硬度、硫化特性可塑度可检验胶料的可塑性(炼胶程度)(漏填一项扣1分)。

4. 答：按结构可分为整体式(2.5分)和组合式(2.5分)两种。

5. 答：螺杆是挤出机的主要工作部件(1分)。它在工作中产生足够的压力使胶料克服流动阻力而被挤出(2分)，同时使胶料塑化、混合、压缩，从而获得致密均匀的半成品(2分)。

6. 答：兼有压片(1分)和擦胶(1分)两种压延机的作用，一般为三辊或四辊(1分)，各辊的速比可以改变(2分)。

7. 答：擦胶要求胶料渗入纺织物的空隙中去(3分)，要求胶料有较高的可塑度(2分)。

8. 答：胶料产生焦烧的主要原因有：混炼时装胶容量过大(1分)；温度过高(1分)；过早地加入硫化剂且混炼时间过长(1分)；胶料冷却不充分(1分)；胶料停放时间过长等(1分)。有时也会由于配合不当，硫化体系配合用量过多而造成焦烧。

9. 答：用于钢丝帘布的贴胶(3分)，一般为四辊(2分)。

10. 答：压延用的胶料首先要在开炼机上进行翻炼(2分)，进一步提高胶料的均匀性和可塑性(2分)，使胶料柔软易于压延(1分)。

11. 答：对因混炼不均、混炼温度过高以及硫黄粒子大小不均所造成的胶料喷硫问题，可通过补充加工加以解决(5分)。

12. 答：粗炼主要通过机械作用，进一步提高胶料可塑度和分散均匀性(3分)；细炼主要通过提高温度以提高胶料热可塑度(2分)。

13. 答：胶片应表面光滑、不皱缩、无气泡，且厚度均匀。(漏填一项扣1分)

14. 答：胶料喂进挤出机头，从而挤出不同的半成品胶部件(3分)：胎面、胎侧/子口和三角胶条(2分)。

15. 答：在这个工序里，挤出机挤出的三角胶条将被手工贴合到胎圈上(3分)。三角胶条在轮胎的操作性能方面起着重要的作用(2分)。

16. 答：压延操作中可以采用提高辊温(2分)、降低转速(3分)等方法来提高压延胶片的质量。

17. 答：尼龙6、尼龙66、聚酯类、人造丝、芳纶等。(漏填一项扣1分)

18. 答：贴胶(2.5分)和擦胶(2.5分)。

19. 答：四辊压延机进行一次两面贴胶(2分)，三辊压延机进行一次单面贴胶(2分)，也有采用三辊压延机进行单面两次贴胶(1分)。

20. 答：胶料的渗透好(1分)，胶与纺织物附着力大(1分)，但挂胶量小(1分)，成品耐屈挠性较差(2分)。

21. 答：所得的胶层较厚(2分)，成品的耐屈挠性提高(1分)，但附着力较低(1分)，用胶量也多(1分)。

22. 答:贴合是一般用于制造质量要求较高(2分),较厚胶片的贴合(1分),两种不同胶料组成的胶片(1分),夹布层胶片的贴合(1分)。

23. 答:贴胶法较多用于薄的织物(2分)或经纬线密度稀(2分)的织物(如帘布),特别适用于已浸胶的纺织物(1分)。

24. 答:胶料可塑度大(1分),压延辊温适当提高(1分).流动性好(1分),则渗透力大(1分),橡胶与布的附着力就高(1分)。

25. 答:单股线由二根单纱捻制而成(5分)。

26. 答:EndsperInch(1分),每英寸的帘线根数(2分),帘线稀或密的表征(2分)。

27. 答:初捻:单股帘线的加捻(3分),多为Z捻(2分)。

28. 答:三辊压延机贴胶有两种:一种是贴胶的两辊间没有积胶(2分),另一种是贴胶的两辊间有适当的积胶(2分),这也称为压力贴胶(1分)。

29. 答:特(tex)——每1 000米长度的纤维或纱线所具有的质量克数(5分)。

30. 答:压延采用热炼机(1分)或挤出机供胶(1分),保证胶料热炼均匀(1分),供胶温度合适(1分),尺寸稳定(1分)。

31. 答:聚酯帘线的表示方法与其他帘线如尼龙相似的(1分),帘线一般是由几股股线合并加捻而成(1分),其结构用股线的粗细程度(1分)和股数(1分)来表示,中间加斜线来区分,如1500D/2(或1670dtex/2)(1分)。

32. 答:钢丝帘线作为汽车轮胎的骨架材料,使汽车轮胎具有强度高(1分)、耐冲击(1分)、寿命长(1分)、耐轧伤(1分)、散热快的(1分)特点。

33. 答:优点:压力贴胶采用积胶的压力将胶料挤压到布缝中去(2分),胶料与布的附着力提高(1分)。

缺点:帘线受到的张力较大(1分),甚至会使性能受到损害(1分)。

34. 答:压型的工艺要点与压片大致相同(1分),但压型制品要求花纹清晰(1分),尺寸准确(1分),胶料致密(1分),对胶料的配方和工艺条件有特别的要求(1分)。

35. 答:锭子导开→整经辊→压延→冷却→储布→卷取(漏填/顺序错一项扣1分)

36. 答:(挤出机)供胶→四辊压延→冷却→卷取(漏填/顺序错一项扣1分)

37. 答:通过贴合设备把压出好(1分)的三角胶条(1分)与钢丝圈(1分)复合成为一个整体的工艺过程(2分)。

38. 答:螺杆工作部分的主要参数有螺纹头数、压缩比、导程、槽深及螺纹升角等(漏填一项扣1分)。

39. 答:通过裁断机(1分)将压延后纤维帘布(1分)按工艺要求(1分)裁断成一定宽度(1分)和一定角度(1分)的半成品。

40. 答:压延后的钢丝附胶帘布要采用塑料垫布卷取(2分),以保证帘布表面的新鲜(3分)。

41. 答:按机头的结构、与螺杆的相对位置、机头用途不同、机头内胶料压力大小分类(漏填一项扣1分)

42. 答:消除办法:提高压延温度和半成品停放温度、减慢压延速度、适当提高胶料可塑度、将胶料调转方向、使用各向同性的填料(漏填一项扣1分)。

43. 答:压力贴胶,又称半擦胶(1分),通常用三辊压延机加工(1分),操作方法与贴胶相同(1分),只是胶布表面的附胶层厚度比贴胶法的稍低(1分),对操作技术要求较高(1分)。

44. 答:产生的原因:胶料流过口型时,同时经历黏性流动和弹性变形(1分)。由于入口效应,在流动方向上形成速度梯度(拉伸弹性变形)(1分)。拉伸变形来不及恢复(1分),压出后由于口型壁的挤压力消失(1分),由于橡胶的弹性记忆效应,使胶料沿挤出方向收缩,径向膨胀(1分)。

45. 答:由生胶在炼胶机上经塑炼,然后加硫化剂、促进剂、活性剂、补强剂、防老剂等配制炼得混合胶,切碎后加入溶剂汽油搅拌而成(漏填一项扣1分)。

46. 答:胶浆常用的溶剂是汽油、苯、二硫化碳、四氯化碳、氯仿等。按使用要求可制成稀的、半浓的和膏状的胶浆。(漏填一项扣1分)

47. 答:影响线绳质量的主要技术因素:

1)捻线工艺参数(1分)。

2)一浸液和二浸液的配方及配制(1分)。

3)一浸液和二浸液浸渍后的化学反应条件及热处理程度,即浸胶的工艺(2分)。

4)浸胶设备的设计与制作(1分)。

48. 答:(a)三辊压延机贴胶,$v_2 = v_3 > v_1$(1.5分)。

(b)四辊压延机贴胶,$v_2 = v_3 > v_1 = v_4$(2分)。

(c)三辊压延机压力贴胶,$v_2 = v_3 > v_1$(1.5分)。

49. 答:胶料含胶量高或弹性大时,其辊温应较高(1.5分);反之,辊温宜低(1.5分)。为使胶片在辊筒间顺利转移,各辊应有一定的温差(2分)。

50. 答:热炼的主要作用在于恢复热塑性(1.5分)和流动性(1.5分),使胶料进一步均化(2分)。

51. 答:纺织物挂胶是利用压延机(1分)将胶料渗透入(1分)纺织物结构内部缝隙(1分)并覆盖附着于织物表面(1分)成为胶布的压延作业(1分)。

52. 答:纺织物贴胶是使织物和胶片(1分)通过压延机(1分)等速回转(1分)的两辊筒之间的挤压力(1分)作用下贴合在一起,制成胶布的挂胶方法(1分)。

53. 答:贴胶压延法的主要优点是速度快(2分),效率高(2分),对织物的损伤小(1分)。

54. 答:压延工艺是以压延过程(2分)为中心(1分)的联动流水(2分)作业形式。

55. 答:掉皮是指进行包擦(1分)时,中辊包辊胶的一部分擦到织物之内(1分),而另一部分则掉在织物表面(1分)。形成掉皮的主要原因是中辊温度高(2分)。

56. 答:输送带供胶(2.5分)和手工供胶(2.5分)两种。

57. 答:已浸胶的纺织物(1分),在压延前需要烘干(1分)。一般纺织物的含水量应控制在1%～2%(1分),含水率过大会降低橡胶与纺织物的附着力(1分),但过分干燥会损伤纺织物,降低其强度(1分)。

58. 答:热板加热、排管加热、转鼓加热、红外线加热。(漏填一项扣1分)

59. 答:擦胶一般在三辊压延机上进行(0.5分),供料在上、中辊间隙(0.5分),在中、下辊间隙进行单面擦胶(0.5分),上、下辊等速(0.5分),中辊较快(0.5分),速比在1:1.3～1:1.5范围内(0.5分),速比愈大,搓擦力愈大,胶料渗透愈好(0.5分)。但布料所受的伸张力也愈大(0.5分),甚至有被扯断的危险(0.5分)。

60. 答:返回式,转鼓式,立式。(漏填一项扣2分)

61. 答:(a)中辊包胶(1分),$v_2 > v_3 = v_1$(1.5分)。

(b)中辊不包胶(1分),$v_2 > v_3 = v_1$(1.5分)。

62. 答:浸胶液浓度、帘布与浸胶液的接触时间、附胶量多少,挤压力大小,帘布张力大小和均匀程度,干燥程度等。(漏填一项扣1分)

63. 答:胶量可塑性,辊温,辊速。(漏填一项扣2分)

64. 答:适当提高压延温度和半成品停放温度,减慢压延速度,适当增加胶料的可塑性。(漏填一项扣1分)

65. 答:帘布裁断就是把帘布(1分)按一定的宽度(1.5分)和一定的角度(1.5分)进行裁切(1分)的工艺过程。

66. 答:热伸张处理在工艺上一般分三步完成(2分),分别是热伸张区(1分)、热定型区(1分)和冷定型区(1分)。

67. 答:4层:经营管理手册(1分)(包括质量方针、质量目标(1分))、程序文件(1分)、支持文件(1分)和记录(1分)

68. 答:分为关键零部件(1分)、重要零部件(1分)、一般零部件(1分)。

关键零部件:推荐、资质认证管理(1分)。

重要零部件:推荐、认可管理(0.5分)。

一般零部件:备案管理(0.5分)。

69. 答:关键工序是指对产品质量起决定性作用(2分)的工序。即产品关键质量特性(1分)所涉及的工序和加工、装配过程中难度大的工序(1分),以及质量易波动的工序(1分)。

70. 答:1)持续技术创新,不断形成一流的技术(2分)。

2)科学规范高效的过程控制,制造安全可靠的产品(1.5分)。

3)充分理解和快速反应客户需求,为客户提供优质的服务(1.5分)。

六、综 合 题

1. 答:在浸胶时预防打折的措施有:

1)设计工艺有问题时,及时通知相关人员,并及时对工艺进行调整,以防下次再出现(2分)。

2)转产时,前后工艺变化大。比如EE布与EP布之间的转产,牵伸变化大,此时参数修改速度要慢,每次修改幅度要小,等前一次参数值稳定之后才改(2分)。

3)轻型布和重型布之间的转产,中间需要加一段引布,起缓冲作用,减免打折(1.5分)。

4)门幅偏差很大(≥200 mm)的两匹布之间需要加引布,减免宽门幅的布两边不受力引起打折(1.5分)。

5)在转产时,及时调整扩幅器、对中心,即随时保证布面的平整,减免打折(1.5分)。

6)每次停车之后,及时对各部位进行检查,及时发现问题及时解决(1.5分)。

2. 答:浸胶时预防打折的措施有:

1)设计工艺有问题时,及时通知相关人员,并及时对工艺进行调整,以防下次再出现(2分)。

2)转产时,前后工艺变化大。比如EE布与EP布之间的转产,牵伸变化大,此时参数修改速度要慢,每次修改幅度要小,等前一次参数值稳定之后才改(2分)。

3)轻型布和重型布之间的转产,中间需要加一段引布,起缓冲作用,减免打折(1.5分)。

4)门幅偏差很大(≥200 mm)的两匹布之间需要加引布,减免宽门幅的布两边不受力引起打折(1.5分)。

5)在转产时,及时调整扩幅器、对中心,即随时保证布面的平整,减免打折(1.5分)。

6)每次停车之后,及时对各部位进行检查,及时发现问题及时解决(1.5分)。

3. 答:一次浸胶区设备正常运行事项有:

1)及时配胶放胶(2分)。

2)安排好上纸接纸,提前升蓄纸机(2分)。

3)帮助看纸人员打包、换叉板(3分)。

4)接纸后到剪纸区处理接头(3分)。

4. 答:一次浸胶区设备注意事项有:

1)保证所配胶水的固化时间在公司规定范围内,并添加脱模剂(3分)。

2)及时放胶做到不干胶、漏胶(3分)。

3)穿原纸前,打开挤胶辊(2分)。

4)升、降胶槽时,注意速度别洒胶(2分)。

5. 答:注意:胶片贴合时要求各胶片有一致的可塑度(2分),否则贴合后易产生脱层(1分)、起鼓等现象(1分);当贴合的两层胶片的配方和厚度都不同时,最好用四辊压延机的"同时贴合法"(2分),将压延出来的两块新鲜胶片进行热贴合(2分),以保证贴合胶片完全密着无气泡(2分)。

6. 解:生产能力=60×容量×胶料密度×设备利用系数/一次炼胶时间(5分)=60×80×10^{-3}×1 120×0.85/25≈183 kg/h(5分)

答:生产能力约为183 kg/h。

7. 答:使纺织物线与线(1分)、层与层(1分)之间紧密地结合成一整体(1分),共同承担外力的作用(1分),还可以保护纺织物(1分),防止制品因摩擦生热(1分)而受损(1分),可提高纺织物的弹性(1分)和防水性(1分),以保证制品具有良好的使用性能(1分)。

8. 答:为了使胶料沿螺槽推进,必须使胶料与螺杆(1分)和胶料与机筒间(1分)的摩擦系数(1分)尽可能悬殊(1分),机筒壁表面应尽可能粗糙(1分),以增大摩擦力(1分),而螺杆表面则力求光滑(1分),以减小摩擦系数和摩擦力(1分)。否则,胶料将紧包螺杆(1分),而无法推向前进(1分)。

9. 答:带束层是子午胎主要受力部件(1分),它处在轮胎受力最大(1分)、生热最高的部位(1分),如果带束层偏歪,会使轮胎两肩部材料分布不均(1分),造成轮胎行驶时受力不均(1分),偏厚的一侧生热大(1分),易造成带束层脱层和肩裂等质量问题(1分);而偏薄的一侧会降低胎肩刚度(1分),使操纵稳定性不好(1分),易产生磨胎肩现象(1分)。

10. 答:1)根据胶料在口型中的流动状态和压出变形分析,确定口型断面形状和压出半成品断面形状间的差异及半成品的膨胀程度(2分);

2)口型孔径大小或宽度应与挤出机螺杆直径相适应,压出实心或圆形半成品时,口型孔的大口宜为螺杆直径的1/3~3/4。对于变平形的口型(如胎面胶等),一般相当于螺杆直径的2.5~3.5倍(2分)。

3)口型要有一定的锥角,口型内端口型应大,出胶口端口径应小。锥角大,压出半成品光滑致密,但收缩率大(2分)。

4)口型内部应光滑,呈流线型,无死角,不产生涡流(1分)。

5)在有些情况下,为防止胶料焦烧,可在口型边部适当开流胶口(1分)。

6)对硬度较高,焦烧时间短的胶料,口型应较薄;对于较薄的空心制品或再生胶含量较多的制品,口型应厚(2分)。

11. 答:冷却的目的:防止半成品存放时自硫(3分);使胶料恢复一定的挺性(3分),防止变形(2分);使半成品冷却收缩定形(2分)。

12. 答:1)大卷帘线压延前30分钟内打开包装,为防止帘线吸潮,严禁提前打开包装(2分)。

2)帘线烘干温度严格按工艺要求设定控制,一般聚酯帘线在80 ℃左右,尼龙帘线在110 ℃左右(2分)。

3)严格控制压延厚度与压延密度(2分)。

4)严格按工艺要求控制好各段张力,尤其是压延主张力(2分)。

5)控制好压延冷却温度(2分)。

13. 答:1)为防止钢丝表面生锈和氧化,锭子房温、湿度要严格控制(2分),一般控制温度比外房高2~5 ℃;相对湿度小于30%RH(2分)。

2)严格控制压延帘布的厚度和密度(2分)。

3)严格按工艺要求控制好各段张力,尤其是压延主张力(2分)。

4)控制好压延冷却温度(2分)。

14. 答:1)钢丝圈的制备中,要注意钢丝的表面质量:附胶是否均匀(2分),是否有露铜、散丝、蜂窝,缠绕钢丝圈的钢丝排列是否整齐等(2分)。

2)三角胶芯贴正,胶芯接头与钢丝圈接头对称错开(2分),接头压实,不允许有脱开裂缝现象(2分)。

3)钢丝圈成型后,按要求存放,依顺序使用(2分)。

15. 答:1)裁断宽度(2分)。

2)裁断角度(2分)。

3)接头质量(2分),接头根数(1分)、不允许大头小尾(1分)、错位(1分)、接头开等(1分)。

16. 答:胶料停放时,要注意停放场所温度不能过高,空气要流通(2分),否则会引起"自硫"(2分)。停放时间也不能过长。停放时间太长会引起胶料喷霜(2分)。胶料必须存放在特制的托盘上(2分),防止粘上砂石、泥土和木屑等杂物(2分)。

17. 答:钢丝帘布是由一个个锭子的钢丝排列而成(2分),没有纬线(1分),因此帘布的密度是通过整经辊来实现(3分),而密度的均匀,避免出现稀线和跳线是压延重要的控制内容(2分),否则不但影响产品质量同时造成的浪费很大(2分)。

18. 答:钢丝帘布裁断机生产线。生产线长度近40米。设备包括:帘布导开装置、自动修边装置、电磁梁定长递布装置、铡刀裁断装置、裁断运输带、喂料运输带、自动接头装置、手动接头运输带、钢丝帘布纵裁装置、包边装置、双工位卷取装置。(漏填/错一项扣1分)

19. 答:制备橡胶胶浆的溶剂要求如下:

1)溶剂极性与生胶相适应(2分)。

2)挥发速度要适当(2分)。

3)化学稳定性好(2分)。

4)吸湿性小(2分)。

5)毒性小(1分)。

6)可燃性和爆炸性要小(1分)。

20. 答:1)刮浆板能有效地去除线绳附带的多余浆料,使加工好的线绳有一个"光洁"的表面。没有线绳表面由于多余浆料造成的"斑点",从而影响线绳黏合力的现象(2分)。

2)因为去除了线绳的多余浆料,烘箱前后槽辊所附着的胶料相应比较少,从而避免了线绳表面因为沾胶而引起的"花线"现象(2分)。

3)用刮浆板去除线绳附带的多余浆料,直接带来经济效益。部分被刮浆板刮掉的浆料能回到浆槽再次利用,耗浆量减少(2分)。

4)刮浆板直接作用于槽辊的表面,与线绳没有直接的接触。线绳表面纤维因之不增加受损程度(2分)。

5)刮浆板安装调换简单方便,构造制作简易,价格低廉(2分)。

21. 答:供挤出用胶料的可塑度为 0.25~0.4(2分)(冷喂料挤出为 0.3~0.5)(2分)。胶料可塑性小,则流动性不好(2分),挤出后半成品表面粗糙、膨胀大(2分);但可塑度太大,半成品缺乏挺性、容易变形(2分)。

22. 答:挤出机各段温度直接影响到挤出工艺的正常进行和制品的质量(2分)。挤出机温度随不同部位不同胶料而有差异(2分)。挤出机一般以口型温度最高,机头次之,机筒最低(2分)。采用这种控温方法,有利于机筒进料(2分),可获得表面光滑、尺寸稳定和收缩较小的挤出物(2分)。

23. 答:挤出速度通常是以单位时间内挤出物料体积或质量来表示(3分),对一些固定产品,也可用单位时间挤出长度来表示(3分)。同一机台,当挤出胶料中生胶含量低或挤出性能较好时,挤出速度可选取较高的范围,反之取低速范围(4分)。

24. 答:冷却方式:喷淋(2分)和水槽冷却(2分)。为防骤冷(冷却程度不一导致变形不规则喷霜),常采用40℃左右的温水冷却(1分),然后进一步降至20~30℃(1分)。挤出大型的半成品(胎面),一般须经预缩处理后才进入冷却槽(2分)。预缩率可达到 5%~12%(2分)。

25. 答:分层挤出(1分):用两台挤出机(1分)、两种胶料(1分),分别压出胎冠(1分)和胎侧(包括胎冠基部层)(1分),在运输传送带上热贴合(1分),并经多圆盘活络辊压实为一整体(1分)。目前生产上多采用此法。此外,还有采用三种胶料分别制造胎冠、胎冠基部层和胎侧复合胎面的挤出方法(三方四块)(3分)。

26. 答:加料段(Ⅰ)、压缩段(Ⅱ)、均化段(Ⅲ)(3分)。

加料段(Ⅰ)作用:将料斗供给的料送往压缩段,塑料在移动过程中一般保持固体状态由于受热而部分熔化(2分)。

压缩段(Ⅱ)作用:压实物料,使物料由固体转化为熔体,并排除物料中的空气(2分)。

均化段(Ⅲ计量段)的作用:是将熔融物料,定容(定量)定压地送入机头使其在口模中成型。均化段的螺槽容积与加料一样恒定不变(3分)。

27. 答:一般薄壁或质量要求高的制品,要求去除胶料中的杂质,以免影响制品的气密性和抗撕裂性(2分)。滤胶工艺中,胶料内不能加入硫黄、超速级促进剂,以防胶料温度过高时产生焦烧(2分)。

胶料过滤前要在开炼机上热炼,以增加热塑性。热炼和供胶方法与一般挤出机相同

(2分)。滤胶机各部分温度,机筒为 40～50 ℃,机头为 60～90 ℃,滤板处为 60～80 ℃。过滤后 NR 胶料温度不超过 130 ℃,掺用 30％ SBR 的胶料,也不超过 140 ℃(2分)。

过滤后的胶料,可用开炼机压片降温,并按工艺要求加入硫黄和促进剂(2分)。

28. 答:优点:节省热炼设备,易于实现机械化、自动化,而且由于主机强化了螺杆的剪切及塑化作用,使胶料获得均匀的温度和可塑度;改善了挤出制品的质量,提高了表面光洁度,挤出半成品具有较稳定一致的尺寸规格;冷喂料压出队压力的敏感性小;应用范围广,灵活性大;冷喂料挤出机的投资和生产费用较低(6分)。

冷喂料挤出常采用冷喂料排气挤出机,其特点是在挤出过程中排除胶料中的气体,提高胶料的致密性,减少胶料中的气孔,降低胶料的挤出膨胀率(4分)。

29. 答:压出速度越大,收缩率越大。但压出速度的大小受下列因素影响:

1)口型锥角角度越大,光滑度越高,压出速度越快,半成品表面越光滑,致密性越好(2分)。

2)胶料的可塑度小,压出速度慢(2分)。

3)软化剂品种对压出速度也有影响,树脂、沥青等黏性软化剂会减慢压出速度;硬脂酸、蜡类能加快压出速度(2分)。

4)补强填充剂的品种不同对压出速度的影响也不同,使用软质炭黑的压出速度比用硬质炭黑的压出速度快(2分)。

5)压出温度升高,可提高压出速度,但要注意防焦烧(2分)。

30. 答:1)用于工艺控制、质量、试验、经营管理和能源管理等对计量数据有较高准确度要求的测量设备(8分);

2)铁路专用测量设备(2分)。

31. 答:一般指"鲨鱼皮症",是发生在挤出物熔体流柱表面上的一种缺陷现象,其特点是在挤出物表面形成很多细微的皱纹,类似于鲨鱼皮(2分)。

原因:一方面主要是熔体在管壁上的滑移,熔体在管道中流动时,管壁附近速度梯度最大,其大分子伸展变形程度比中心大,在流动过程中因大分子伸展产生的弹性变形发生松弛,就会引起熔体流在管壁上出现周期性滑移(4分);另一方面,流道出口对熔体的拉伸作用也是时大时小,随着这种张力的周期性变化,熔体流柱表层的移动速度也时快时慢,流柱表面上就会出现不同形状的皱纹(4分)。

32. 答:1)挤出成型工艺主要程序:物料的干燥,成型,定型与冷却,制品的牵引与卷取,制品的后处理(2分)。

2)注射过程:塑化→充模→保压→冷却→脱模(2分)。

3)压制成型过程主要包括:加料、闭模、排气、固化、脱模与清理模具(2分)。

4)压延工艺过程:

供料阶段:捏合→塑化→供料(2分)。

压延阶段:压延→牵引→刻花→冷却定型→输送→切割、卷取(2分)。

33. 答:螺杆的主要参数对加工的影响:

直径:D↑,加工能力↑。挤出机生产率∝D^2,D 通常为 45～150 mm(2分)。

长径比:L/D↑,改善物料温度分布,有利于混合及塑化,生产能力↑(2分);但 L/D 过大,物料可能发生热降解,螺杆也可能因自重而弯曲,功耗增大;L 过小则塑化不良。L/D 通常为 18～25(2分)。

螺槽深度：螺槽深度↓，剪切速率↑，传热效率↑，混合及塑化效率↑，生产率↓（2分）。故热敏性塑料宜用深螺槽，而熔体黏度低且热稳定性好的塑料宜用浅螺槽。

螺旋角：螺旋角↑，生产能力↑，对塑料的剪切作用和挤压力↓（2分）。

34. 答："一杜绝"，就是杜绝一般A类以上事故（2分）。

"两减少"，就是减少一般B类事故、减少一般C类事故（2分）。

"三控制"：一是动车组责任晚点故障百万公里控制在2件以内（2分）；二是货运机车机破率控制在0.15件/10万公里以内，客运机车机破率控制在0.10件/10万公里以内（2分）；三是控制国内外用户质量投诉件数，投诉率降低50%以上（2分）。

35. 答：挤出成型是在一定条件下将具有一定塑性的胶料通过一个口型连续压送出来，使它成为具有一定断面形状的产品的工艺过程（4分）。

胶料沿螺杆前移过程中，由于机械作用及热作用的结果，胶料的黏度和塑性等均发生了一定的变化，成为一种黏性流体（3分）。根据胶料在挤出过程中的变化，一般将螺杆工作部分按其作用不同大体上分为喂料段、压缩段和挤出段三部分（3分）。

橡胶半成品制造工(高级工)习题

一、填空题

1. 压出工艺过程中常会出现很多质量问题,如半成品表面不光滑、焦烧、起泡或海绵、( )等。

2. 生产现场处于与产品和制造过程需求相协调的( )、整洁、有序和维护的状态。

3. 挤出机单头螺纹螺杆多用于( )。

4. 挤出机复合螺纹螺杆多用于( )。

5. 橡胶受外力压缩时,反抗( )的能力叫硬度。

6. 出现焦烧现象时一般可通过改善胶料储存和加工条件,如( )采用防焦剂。

7. 橡胶挤出机多用( )螺纹螺杆。

8. 挤出机根据加工物料的不同可分为( )挤出机和塑料挤出机。

9. 挤出机按螺纹方向分有左旋和( )两种。

10. 挤出机螺杆按螺杆外形分有圆柱形、( )、圆柱圆锥复合形螺杆。

11. 机筒对于胶料来讲,通常它还起( )的作用。

12. PDCA 循环管理是指计划、实施、检查、( )。

13. 挤出机按螺纹头数分:单头、双头、三头和( )螺纹螺杆。

14. 密炼机混炼的影响因素有( )、加料顺序、上顶栓压力、转子转速、混炼温度、混炼时间等。

15. 贴合是胶片与胶片、胶片与( )的贴合等作业。

16. 在混炼条件下的橡胶并非处于流动状态,而是( )状态。

17. 压片是把胶料制成一定( )的胶片。

18. 门尼黏度的测试是以( )的方法测定胶料流动性大小。

19. 用门尼黏度计测定的焦烧时间称为( )。

20. 胶料硫化特性的测试可以迅速、精确地测出胶料( )过程中的主要特征。

21. 硫化胶的( )是指试样扯断时单位面积上所受负荷的大小。

22. 橡胶的( )性能是橡胶材料最基本的力学性能。

23. 塑炼胶的可塑度大小必须以满足后工序加工过程的加工性能要求为标准,胶料的( )过大、过低、不均匀都会影响加工操作和产品质量。

24. 压延前的准备工艺包括胶料的热炼和纺织物的( )。

25. 天然橡胶有两种分级方法:一种按外观质量级,一种按( )分级。

26. 进一步提高胶料的均匀性和可塑性,使胶料柔软易于压延,这一工序叫做( )。

27. ( )是橡胶抵抗外力压入的能力。

28. 磨耗是橡胶表面受到( )的作用而使橡胶表面发生磨损脱落的现象。

29. 促进剂是指能降低硫化温度,(　　　),减少硫黄用量,又能改善硫化胶的物理性能的物质。

30. 屈扰疲劳主要是增加橡胶分子与氧的接触面积,从而加速(　　　)。

31. 干燥机的温度和牵引速度视纺织物的(　　　)而定。

32. 二次浸胶区发生断纸时要注意打起上涂辊和(　　　)。

33. 浸胶车间不合格品很多,占总产量的 5% 左右的是(　　　)。

34. 橡胶配料是按照配方,将橡胶及各种(　　　)进行配制,以供橡胶的塑炼、混炼工序使用。

35. 橡胶在混炼过程中涂隔离剂是为了防止胶片之间发生(　　　)。

36. 热硫化方法分硫化罐硫化、个体硫化机硫化、平板硫化机硫化、(　　　)。

37. 浸胶刮浆是用浸胶机或刮浆机,将橡胶骨架材料的纤维织物、(　　　)表面浸渍或刮上一层很薄的处理剂或浆料。

38. 压延方式中要求胶料可塑度低一些的是(　　　)。

39. 橡胶成型是根据产品要求,以手工或(　　　),将上浆后的织物加工成所需形状。

40. 橡胶硫化是塑性橡胶经过加热、(　　　)一定时间,在混入其中的各种配合剂的共同作用下,使橡胶分子产生交联,由线性结构转变为三维网状结构。

41. 浸胶工艺影响因素有纺织物浸胶(　　　)和纺织物张力。

42. 压片和压型要求胶坯有较好的(　　　),可塑度要求低一些。

43. 纺织物的预加工包括纺织物的(　　　)和烘干。

44. 浸胶能增加胶料与纺织物间的结合强度,提高纤维的(　　　)。

45. 橡胶压延是用压延机进行加工,包括贴胶、擦胶、(　　　)、合布、压花、压型等。

46. 胶片压出是按生产工艺要求,通过压延机等设备,将混炼胶压成具有(　　　)的胶片。

47. 挤出机螺杆的工作部分是(　　　)。

48. 挤出机螺杆的尾部起支持和(　　　)作用。

49. 纺织物的干燥一般在立式或卧式(　　　)上进行。

50. 过分干燥会损伤纺织物,降低其(　　　)。

51. 挤出机根据结构特征可分为(　　　)挤出机、冷喂料挤出机和排气冷喂料挤出机。

52. 压出是使胶料通过挤出机机筒壁和螺杆之间的作用,连续地制成各种不同形状半成品的工艺过程。可以用于胶料的过滤、胶料的压片、(　　　)。

53. 一般纺织物的干燥与压延机组成(　　　)。

54. 二次浸胶区发生断纸时要注意清理第一段(　　　)内断纸。

55. 二次浸胶区发生(　　　)时要注意将胶水抽回各自的桶里。

56. 根据胶料在机筒内的流动状态,挤出机的生产能力应为顺流、逆流、横流、(　　　)等流动的总和。

57. 钢丝圈成型时要求(　　　)排列整齐,无缺胶、无变形、无露钢丝。

58. 胶片压延时,胶料含胶量高或弹性大时,其辊温应(　　　)。

59. 包布缠绕钢丝圈时,不能重叠,只允许在(　　　)上接头。

60. 包布缠绕钢丝圈时,要用机器缠紧,不允许(　　　)缠绕。

61. 允许钢丝圈填充胶接头重叠最多(　　　)mm。

62. 裁断前,要检查使用的压延钢丝帘布,保证其规格与( )一致,并按顺序使用。

63. 在更换钢丝帘布时,不允许钢丝帘布( )。

64. 压片时的辊筒存胶方式,四辊压延中采用的是( )。

65. 钢丝帘线接头为( ),不允许接头重叠。

66. 丁苯橡胶压延时采用的压延方式是( )。

67. 钢丝帘线按强度分有( )、高强(HT)、超高强(UT)等。

68. 软化增塑,改善( )、耐寒性,也可降低成本。

69. 促进剂是指能加快硫化反应、缩短( )的物质。

70. 复捻:股线的加捻,多为( )。

71. 钢丝帘布型号标识"3+9+15(0.22)+w"中的"15"表示( )。

72. 纤维帘布型号"1890D/2-24 EPI"中的"2"表示单股线由( )捻制而成。

73. 压型常采用( )进行压型。

74. 四辊压延机由帘布导开、接头、牵引、( )、压延、冷却和卷取等部分组成。

75. 压型制品要求花纹( )。

76. 压型制品要求尺寸( ),胶料致密。

77. 分特(dtex)——每( )长度的纤维或纱线所具有的质量克数。

78. 挤出机螺杆压缩比大,挤出过程的阻力( )。

79. 由于橡胶具有弹性复原性,当含胶率( )时,压延后的花纹易变形。

80. 钢丝帘布压延锭子房对温度、湿度严格控制,避免钢丝生锈和( )而影响黏合。

81. 钢丝帘布的密度是通过整经辊来实现,避免出现( )是压延重要的控制内容。

82. 钢丝压延要控制好压延( )。

83. 压型生产中,在可能的条件下,配方中可多加( )和适量的软化剂或者再生胶,以防止花纹扁塌。

84. 内衬压延要控制( )、内衬宽度与厚度、内衬复合差级等。

85. 压型要求胶料具有一定( )。

86. 钢丝圈的制造包括放钢丝工位、挤出机、储料、( )等部分。

87. 三角胶胶料须具有( )、耐曲挠,耐磨以及与相邻部件黏合性能好等性能。

88. 挂胶帘布可以保护纺织物,防止制品因( )而受损。

89. 三角胶贴合就是把压出好的三角胶条与( )复合成为一个整体的工艺过程。

90. 钢丝圈成型就是把挤出的钢丝圈与压出的( )组合成一个整体的工艺过程。

91. 二次浸胶区发生断纸时要注意擦洗( )。

92. 二次浸胶区发生停机时要注意根据( )的种类和多少添加相应的烧碱,将尿胶和1号胶的 pH 值调回至 8。

93. 贴胶指将两层(或一层)薄胶片,在辊筒的( )作用下,压贴在帘布两面(或一面)。

94. 挂胶帘布要求橡胶与纺织物有良好的( )。

95. 三辊压延机较多采用( )贴胶。

96. 无压力贴胶时贴胶的两辊间( )积胶。

97. 压延后的胶布厚度要均匀,表面无布褶、( )。

98. 水性胶浆工艺上适应于( )、拖浆、浸浆等各种形式。

99. 挂胶使纺织物线与线、层与层之间紧密地结合成一整体,共同(　　)的作用。

100. 线绳浸胶处理后,可以适合橡胶制品对热稳定性和(　　)条件下的尺寸稳定性要求。

101. 线绳浸胶处理时线绳表面因为沾胶而引起的(　　)现象。

102. 线绳吸收过多的浆料,渗入线绳的内部,不仅造成浆料的浪费,更会造成线绳的(　　)损失。

103. 擦胶一般供料在上、中辊间隙,在中、下辊间隙进行(　　)擦胶。

104. 橡胶挤出机的选用,由所需半成品的断面大小和(　　)来决定。

105. 对压型挤出机的机头主要作用是使胶料由螺旋运动变为(　　)。

106. 压延时压力贴胶是利用(　　)将胶料挤压到布缝中去。

107. 压延准备工艺过程中,供胶方法主要有手工供胶和(　　)供胶。

108. 挤出口型过大,螺杆推力小,机头内压力不足,排胶不均匀,半成品形状(　　)。

109. 压延机工作前需要用饱和蒸汽热至 110 ℃,再分别用(　　)冷却至规定的温度。

110. 压延方式中薄擦为中辊(　　)。

111. 擦胶利用压延机辊筒(　　)不同所产生的剪切力。

112. 挤出口型过小,压力太大,速度虽快些,但剪切作用增加,引起胶料生热,增加胶料(　　)的危险。

113. 挤出机头的类型按机头的结构分有芯型机头和(　　)机头。

114. 擦胶利用辊筒的压力将胶料擦入纺织物布纹组织的缝隙中以提高胶料与纺织物的(　　)。

115. 纺织物干燥程度过大会损伤纺织物,并会使合成纺织物变硬,(　　)。

116. 纺织物挂胶是利用(　　)将胶料渗透入纺织物结构内部缝隙并覆盖附着于织物表面成为胶布的压延作业。

117. 压延胶布使用的纺织物为(　　)和帆布。

118. 对胶料的质量要求主要是胶料对纺织物的(　　)要好。

119. 纺织物贴胶是使织物和胶片通过压延机(　　)回转的两辊筒之间的挤压力作用下贴合在一起,制成胶布的挂胶方法。

120. 贴胶压延法的优点是速度快、效率高,对织物的(　　)。

121. 擦胶是在压延时利用压延机辊筒速比产生的剪切力和(　　)作用将胶料挤擦入织物的组织缝隙中的挂胶方法。

122. 纺织物擦胶压延一般在(　　)压延机上进行,上辊缝供胶,下辊缝擦胶,中辊转速大于上、下辊。

123. 纺织物擦胶压延工艺中,适当提高胶料的可塑度有利于提高胶料的流动和(　　)作用。

124. 用于测定橡胶流变性质的仪器一般称为(　　)。

125. 目前用得最广泛的(　　)主要有毛细管黏度计、旋转黏度计。

126. 橡胶流动行为最常见的(　　)是端末效应和不稳定流动。

127. 橡胶流动行为具体包括:入口效应、(　　)、鲨鱼皮现象和熔体破裂。

128. 橡胶加工过程中主要的(　　)有结晶和取向。

129. 胶料在辊筒上所处的位置不同,所受的挤压力大小、(　　)状态也是不同的。

130. 胶料通过压延机辊距时的流速是(　　)的,因而受到的拉伸变形作用也是最大的。

131. 合成纺织物必须经过(　　)后才能保证胶料与织物之间的结合强度。

132. 改善聚酯帘线的尺寸稳定性,需进行热伸张处理。其中热定型区的主要作用是使帘线在高温下消除(　　)。

133. 压延工艺是以压延过程为中心的联动(　　)作业形式。

134. 干燥后的纺织物不宜停放,以免吸湿回潮,故生产上将纺织物(　　)工序放在压延工序之前与压延作业组成联动流水作业线,使纺织物离开干燥机后立即进入压延机挂胶。

135. 胶料可塑度大,压延辊温适当(　　),橡胶与布的附着力就高。

136. 贴胶法较多用于薄的织物或经纬线密度(　　)的织物。

137. 接头压线在钢丝圈包布处应小于(　　)mm。

138. 接头压线在帘布层处压(　　)根。

139. 挤出机根据螺杆数量可分为单螺杆挤出机、(　　)挤出机和多螺杆挤出机。

140. 对喷霜的胶帘布(　　)使用并报相关人员处理。

141. 胶帘布裁断检查的质量标准中,接头出角应小于(　　)mm。

142. 挤出机螺杆表面则力求(　　),以减小摩擦系数和摩擦力。

143. 帘布宽度测量所使用的工具是(　　)。

144. 通过挤出机螺杆和(　　)的结构变化,可突出塑化、混合、剪切等作用中的一种,与不同的辅机结合,可完成不同工艺过程的综合加工。

145. 卷取的小卷帘布,垫布的头和尾要分别留有(　　)m 左右的距离。

146. 裁断完毕的胶帘布允许有轻微劈缝,其间距不大于(　　)根帘线。

147. 挤出成型操作简单、工艺控制较容易,可(　　)、自动化生产,生产效率高,产品质量稳定。

148. 开始裁断及(　　)时,卷布前要自检前三张的角度和宽度。

149. 胶料浸透程度大,胶料与纺织物的附着力(　　)。

150. 胶帘布裁断检查的质量标准中,(　　)应小于 4 mm。

151. 裁断工艺中,垫布(　　)禁止使用。

152. 贴合是制造质量要求较高、(　　)胶片的贴合。

153. 贴合用于制造两种(　　)胶料组成的胶片。

154. 贴合可以用(　　)、三辊和四辊压延机。

155. 二辊压延机贴合操作较(　　)。

156. 卷取胶帘布的垫布不允许(　　)。

157. 三辊压延机贴合是将(　　)的胶片或胶布与新压延出来的胶片进行贴合。

158. 裁断过程中,所裁帘布的规格必须符合相应的(　　)的要求。

159. 四辊压延机贴合效率高,质量好,规格也较(　　)。

160. 几种压延设备产生压延效应较大是(　　)贴合。

161. 帘布裁断过程中,对(　　)需要用汽油进行处理。

162. 贴合时宽度大于(　　)mm 大段布正常使用。

163. 同时贴合法是指将压延出来的两块新鲜胶片进行(　　)。

164. 当贴合的两层胶片的配方和厚度都不同时最好用四辊压延机的（　　）。

165. 挤出机可以用于胶料的过滤、造粒、生胶的（　　）、金属丝覆胶及上下工序的联动。

166. 帘布筒表面达到 8 无：（　　）、无脱层、手揭不开、无露白、无褶子、无杂物、无劈缝、无弯曲(不超过 3 根)。

167. 放帘布卷时注意力要集中，防止（　　）落地。

168. 帘布筒贴合单层偏歪值：差级 5～30 mm 的不大于（　　）mm。

169. 通过改变挤出机头（　　）成型出各种断面形状的半成品。

170. 贴合时发现缓冲胶片喷霜的应返回（　　）。

171. 缓冲层中心线偏歪值不大于（　　）mm。

172. 热喂料挤出机螺杆的长径比较小，L/D 为（　　）。

173. 挤出机机筒按结构可分为整体式和（　　）两种。

174. 挤出机喂料口的结构与尺寸对喂料影响（　　）。

175. 挤出机生产过程中，喂料情况往往影响（　　）。

176. 冷喂料挤出机螺杆的长径比较大，L/D 为（　　），且螺纹深度较浅。

177. 压延工艺能够完成的作业形式有（　　）、胶料的压型、胶片的贴合、纺织物的贴胶、纺织物的擦胶和压力贴胶或称半擦胶。

178. 机筒在工作中与螺杆相配合，使胶料受到机筒内壁和（　　）的相互作用。

179. 挤出机的主要技术参数有螺杆直径、（　　）、压缩比、转速范围、螺杆结构等。

180. 挤出机螺杆在工作中产生足够的压力使胶料克服（　　）而被挤出。

181. 混炼胶质量快检有可塑度测定或门尼黏度的测定、（　　）、硬度测定、门尼焦烧。

182. 挤出机机筒壁表面应尽可能（　　），以增大摩擦力。

183. 橡胶挤出机由多种类型，按工艺用途不同可分为压出挤出机、（　　）、塑炼挤出机、压片挤出机、混炼挤出机及脱硫挤出机等。

184. 热喂料压出工艺一般包括胶料（　　）、压出、冷却、裁断及接取等工序。

185. 压出工艺过程中常会出现很多质量问题，如半成品表面不光滑、焦烧、起泡或海绵、厚薄不均、条痕裂口、半成品规格不准确等。其主要影响因素为胶料的配合、胶料的（　　）、压出温度、压出速度、压出物的冷却。

二、单项选择题

1. 挤出机的主要技术参数是（　　）。
（A)机筒内径　　　　　(B)机筒外径　　　　　(C)螺杆直径　　　　　(D)螺杆长度

2. 挤出机结构组成是（　　）。
（A)炼胶机　　　　　(B)运输带　　　　　(C)裁断机　　　　　(D)螺杆

3. 贴胶和擦胶是指（　　）。
（A)把胶料制成一定厚度和宽度的胶片
（B)在作为制品结构骨架的织物上覆上一层薄胶
（C)胶片上压出某种花纹
（D)胶片与胶片、胶片与挂胶织物的贴合等作业

4. 挤出机的规格"XJ-200"表示（　　）。

(A)螺杆外径为 200 mm 的塑料挤出机　　　(B)螺杆内径为 200 mm 的塑料挤出机

(C)螺杆外径为 200 mm 的橡胶挤出机　　　(D)螺杆内径为 200 mm 的橡胶挤出机

5. 硫化结束,出模时应注意的事项,不正确的是(　　　)。

(A)准备好必要的出模工装

(B)对硫化完的每一件产品进行仔细的外观检查,有问题及时反馈给工艺人员

(C)出模时,敲打橡胶部分,以便出模

(D)出模时,不要敲打骨架的表面镀锌部分,以免造成破坏

6. 提高金属骨架油污去除清洗效果的措施中,没有明显效果的是(　　　)。

(A)提高清洗液的温度　　　　　　　　　(B)使用超声波增强机械作用

(C)增加清洗次数　　　　　　　　　　　(D)清洗后再抛丸处理

7. 黏合剂喷涂过程中,喷涂完底胶后要充分干燥后再喷涂面胶,其目的是(　　　)。

(A)使底胶在金属骨架表面固化　　　　　(B)防止面胶渗透到金属骨架表面

(C)使面胶容易附着到金属骨架上　　　　(D)使底胶和面胶分层

8. 对配置好的黏合剂检测时,用比重计检测黏合剂的比重,用(　　　)检测黏度。

(A)岩田杯 2 号　　　(B)胶膜测厚仪　　　(C)密度计　　　(D)湿度计

9. 橡胶工业生产中,会产生一些有毒有害致癌物质,不属于橡胶生产中产生的有害物质的是(　　　)。

(A)β-萘胺　　　　　(B)重金属　　　　　(C)氨基联苯　　　　　(D)乙烯基硫脲

10. 橡胶工业生产中,减小亚硝胺化合物生成量的措施中无明显效果的是(　　　)。

(A)加强通风措施　　　　　　　　　　　(B)胶料中加入亚硝胺抑制剂

(C)员工接受职业技能培训　　　　　　　(D)使用非胺类硫化剂和促进剂

11. 在喂料口侧壁螺杆的一旁加一压辊构成旁压辊喂料,此种结构供胶(　　　)。

(A)易断胶　　　　　(B)均匀　　　　　(C)限制进胶　　　　　(D)能耗少

12. 硫黄硫化平坦期的长短,在很大程度上取决于所用(　　　)的种类和用量。

(A)硫化剂　　　　　(B)活性剂　　　　　(C)防老剂　　　　　(D)促进剂

13. 机筒壁表面应尽可能(　　　),而螺杆表面则力求(　　　)。

(A)粗糙,光滑　　　(B)粗糙,粗糙　　　(C)光滑,粗糙　　　(D)光滑,光滑

14. 压延、垫布卷取或输送带卷取的危险部位包括(　　　)。

(A)皮带轮或齿轮处

(B)轮轴部位

(C)皮带或齿轮离开轮轴的部位

(D)皮带紧入皮带轮或齿轮进入轮轴的部位

15. 将各种配合剂混入具有一定塑性的生胶中制成质量均匀的混炼胶的过程叫(　　　)。

(A)塑炼　　　　　(B)混炼　　　　　(C)热炼　　　　　(D)分散

16. 硫化生产中,目前所执行的工艺文件规定,搬模具用棉手套,拿骨架用(　　　)手套,拿橡胶用皮手套。

(A)胶皮　　　　　(B)白线　　　　　(C)棉质　　　　　(D)医用

17. 扯断永久变形是指橡胶试样扯断时,(　　　)与原长度的比值。

(A)伸长部分　　　　　　　　　　　　　(B)扯断时总长度

(C)扯断后恢复 3 min 后的不可恢复的长度　　(D)其他

18. 磨耗是橡胶表面受到(　　)的作用而使橡胶表面发生磨损脱落的现象。

(A)撕裂力　　　　　　　(B)压力　　　　　　　(C)拉伸力　　　　　　　(D)摩擦力

19. 国际标准化组织推荐使用(　　)磨耗测试方法作为国际标准。

(A)DIN　　　　　　　　(B)阿克隆　　　　　　(C)皮克　　　　　　　(D)MNP-1

20. 曲挠龟裂试验是橡胶(　　)性能的一种试验方法。

(A)拉伸　　　　　　　　(B)老化　　　　　　　(C)疲劳　　　　　　　(D)低温

21. 一般情况下天然橡胶开炼机炼胶的时候,最后加入的配合剂是(　　)。

(A)硫黄　　　　　　　　(B)防焦剂　　　　　　(C)软化剂　　　　　　(D)防老剂

22. 在混炼中,加料顺序不当最严重的后果是(　　)。

(A)影响分散均匀性　　　(B)导致焦烧　　　　　(C)导致脱辊　　　　　(D)导致过炼

23. 下面(　　)测试更能反应产品的实际使用性能。

(A)蠕变　　　　　　　　(B)冲击弹性　　　　　(C)应力松弛　　　　　(D)动态黏弹

24. 橡胶的加工指由生胶及其配合剂经过一系列化学与物理作用制成橡胶制品的过程:生胶的塑炼、塑炼胶与各种配合剂的混炼及成型、胶料的(　　)等

(A)硫化　　　　　　　　(B)分解　　　　　　　(C)氧化　　　　　　　(D)促进

25. 对混炼工艺不要求的有(　　)。

(A)各种配合剂要均匀地分散于生胶

(B)胶料具有一定的可塑性

(C)保证混炼胶质量的前提下,尽可能缩短混炼时间

(D)保证生胶有足够的停放时间

26. 可以延长胶料的焦烧时间,不减缓胶料的硫化速度的是(　　)。

(A)硫黄　　　　　　　　(B)炭黑　　　　　　　(C)防焦剂　　　　　　(D)促进剂

27. 橡胶配方中防老剂的作用是(　　)。

(A)提高强度　　　　　　(B)提高硬度　　　　　(C)减缓老化　　　　　(D)增加可塑度

28. 下列胶种中(　　)是通用合成胶。

(A)天然胶　　　　　　　(B)丁苯胶　　　　　　(C)氟胶　　　　　　　(D)氯醇胶

29. 浸泡后的拉伸性能试验,如果试验液体是易挥发的,试样从试验液体中取出,不需洗涤,直接用滤纸擦拭试样表面 30 秒后,立刻印上标线,并在(　　)分钟时间内完成拉伸试验。

(A)15　　　　　　　　　(B)20　　　　　　　　(C)25　　　　　　　　(D)30

30. 老化试验时,到规定时间取出的试样按 GB/T 2941 的规定进行环境调节最短时间为(　　)小时。

(A)8~96　　　　　　　　(B)16~96　　　　　　(C)16~144　　　　　　(D)244

31. 使用邵氏 A 型硬度计测定橡胶试样硬度时,试样的厚度至少(　　) mm。

(A)2　　　　　　　　　(B)4　　　　　　　　　(C)6　　　　　　　　(D)8

32. 使用邵氏 A 型硬度计测定橡胶试样硬度时,试样应在标准实验室温度下调节(　　)。

(A)4 ℃　　　　　　　　(B)3 ℃　　　　　　　(C)2 ℃　　　　　　　(D)1 ℃

33. 可塑度升高可导致(　　)。

(A)配合剂难分散　　　　　　　　　　　　(B)胶料的溶解性下降

(C)分子量增加　　　　　　　　　　　(D)流动性提高

34. 在天然胶的混炼过程中,硫黄一般在混炼的(　　　)阶段加入。

(A)最早　　　　　　　　　　　　　(B)跟防老剂等小料一起

(C)最后　　　　　　　　　　　　　(D)什么时间都可以

35. 密炼机塑炼的操作顺序为(　　　)。

(A)称量→排胶→翻炼→压片→塑炼→投料→冷却下片→存放

(B)称量→翻炼→塑炼→投料→压片→排胶→冷却下片→存放

(C)称量→投料→塑炼→排胶→翻炼→压片→冷却下片→存放

(D)称量→投料→压片→翻炼→塑炼→排胶→冷却下片→存放

36. 若胶料的可塑度(　　　),混炼时配合剂不易混入,混炼时间会加长,压出半成品表面不光滑。

(A)过高　　　　(B)过低　　　　(C)不均匀　　　　(D)过快

37. 存放胶料垛放整齐,不粘垛。终炼胶垛放温度不超过(　　　)。

(A)105 ℃　　　(B)60 ℃　　　(C)80 ℃　　　(D)40 ℃

38. 橡胶是热的不良导体,它的表面与内层温差随断面增厚而加大。当制品的厚度大于(　　　)时,就必须考虑热传导、热容、模型的断面形状、热交换系统及胶料硫化特性和制品厚度对硫化的影响。

(A)1 mm　　　(B)1.5 mm　　　(C)6 mm　　　(D)10 mm

39. 对大部分橡胶胶料,硫化温度每增加 10 ℃,硫化时间缩短(　　　)。

(A)1/3　　　(B)1/2　　　(C)1/4　　　(D)1/5

40. 在混炼过程中,橡胶大分子会与活性填料(如炭黑粒子)的表面产生化学和物理的牢固结合,使一部分橡胶结合在炭黑粒子的表面,成为不能溶解与有机溶剂的橡胶,叫(　　　)。

(A)凝胶　　　(B)硫化胶　　　(C)混炼胶　　　(D)结合橡胶

41. 橡胶硫化大都是加热加压条件下完成的。加热胶料需要一种能传递热能的物质,称为(　　　)。

(A)硫化剂　　　(B)硫化促进剂　　　(C)硫化活性剂　　　(D)硫化介质

42. 对硫化质量有决定性影响,是构成硫化反应条件的主要因素,通常称为硫化"三要素"的是(　　　)。

(A)压延、压力和压出　　　　　　　(B)温度、压力和时间

(C)温度、合模力和时间　　　　　　(D)温度、压力和压出

43. 二次浸胶区发生停机时事项有(　　　)。

(A)将 pH 值调回至 8　　(B)冷却下片　　　(C)排胶、压片　　　(D)翻炼、压片

44. 浸胶区发生断纸时要注意拿掉(　　　)。

(A)刮边器　　　　　　　　　　　　(B)单动下涂辊

(C)单动上涂辊和单动下涂辊　　　　(D)轮轴部位

45. 浸胶车间不合格品很多,占总产量的(　　　)左右是浸胶打折(包折痕)布。

(A)2%　　　(B)3%　　　(C)4%　　　(D)5%

46. 为了使胶料沿螺槽推进,必须使胶料与螺杆和胶料与机筒间的摩擦系数尽可能(　　　)。

(A)一致　　　(B)悬殊　　　(C)1 倍差　　　(D)2 倍差

47. 机筒在工作中与螺杆相配合,使胶料受到机筒内壁和(　　　)的相互作用,以保证胶料在压力下移动和混合。

(A)旁压辊　　　　　(B)运输带　　　　　(C)螺杆销钉　　　　　(D)转动螺杆

48. 机械设备操作前要进行检查,首先进行(　　)运转。

(A)实验　　　　　(B)空车　　　　　(C)实际　　　　　(D)调整

49. 压力设备操作人员在进入车间工作前(　　)内,不得酗酒。

(A)1 h　　　　　(B)2 h　　　　　(C)4 h　　　　　(D)6 h

50. 噪声级超过(　　),人的听觉器官易发生急性外伤,致使鼓膜破裂出血。

(A)80 分贝　　　　　(B)100 分贝　　　　　(C)120 分贝　　　　　(D)140 分贝

51. 国际规定,电压在(　　)以下,不必考虑防止电击的危险。

(A)25 V　　　　　(B)36 V　　　　　(C)45 V　　　　　(D)65 V

52. 遇到高压电线断落地面时,导线断落点(　　)内,禁止人员进入。

(A)10 m　　　　　(B)20 m　　　　　(C)30 m　　　　　(D)40 m

53. 塑炼效果较好方法为(　　)。

(A)开炼机混炼　　　　　(B)密炼机混炼　　　　　(C)压延机下片　　　　　(D)挤出机混炼

54. 开炼机轴承采用滑动轴承,轴衬用青铜或尼龙制造,它们的润滑方式各不相同。其中青铜轴衬的滑动轴承(　　)润滑油消耗量。

(A)增加　　　　　(B)节省　　　　　(C)不变　　　　　(D)不一定

55. 密炼机的密封装置是用来(　　)。

(A)防止压力损失　　　　　　　　　(B)防止润滑油溢出

(C)防止物料溢出　　　　　　　　　(D)防止冷却水溢出

56. 开炼机混炼时需人工割胶作业,主要是(　　)。

(A)散热　　　　　　　　　　　　　(B)使配合剂分散均匀

(C)降低设备耗能　　　　　　　　　(D)防止堆积胶太多

57. 胶料下片冷却后温度一般控制在(　　)下。

(A)80 ℃　　　　　(B)40～45 ℃　　　　　(C)60～80 ℃　　　　　(D)25 ℃

58. 混炼温度过高,配合剂用量过多,且混炼时分散不均匀,因此会造成胶料产生(　　)。

(A)喷霜　　　　　(B)配合剂结团　　　　　(C)焦烧　　　　　(D)过硫

59. 混炼温度过高过早加入液体软化剂且混炼时过长等因素会造成胶料产生(　　)。

(A)喷霜　　　　　　　　　　　　　(B)配合剂结团分散困难

(C)焦烧现象　　　　　　　　　　　(D)过硫

60. 混炼效果比较好的方法是(　　)。

(A)开炼机法　　　　　(B)螺杆挤出机法　　　　　(C)密炼机法　　　　　(D)压延法

61. 开炼机轴承采用滑动轴承,轴衬用青铜或尼龙制造,它们的润滑方式各不相同。其中青铜轴衬的滑动轴承应采用(　　)润滑。

(A)滴下润滑法　　　　　　　　　　(B)间歇加油润滑法

(C)连续强制润滑法　　　　　　　　(D)连续强制润滑法

62. 水性胶浆可在(　　)温度下使用。

(A)5～28 ℃　　　　　(B)5～38 ℃　　　　　(C)5～48 ℃　　　　　(D)3～28 ℃

63. 水性胶浆可达到（　　）以上的保存期。

(A)20～40 天　　　(B)40～60 天　　　(C)60～120 天　　　(D)10～30 天

64. 胶浆胶配比是需将胶块切成（　　）。

(A)小块　　　　　　(B)大块　　　　　　(C)整片　　　　　　(D)均可以

65. 线绳着浆过少，反应产物量即附胶量达不到规定值，从而影响线绳与橡胶间的（　　）态黏合。

(A)固　　　　　　　(B)静　　　　　　　(C)液　　　　　　　(D)动

66. 照标准规定加弹簧试验力使压足和试样表面紧密接触，当压足和试样紧密接触后，在规定的时刻读数。对于硫化橡胶标准弹簧试验力保持时间为（　　）s。

(A)1　　　　　　　(B)2　　　　　　　(C)3　　　　　　　(D)4

67. 原材料天然胶的内部温度不得低于（　　）。

(A)80 ℃　　　　　(B)60 ℃　　　　　(C)20 ℃　　　　　(D)40 ℃

68. 油类增塑剂在储油罐中应加热到（　　），并保温。

(A)80 ℃　　　　　(B)60 ℃　　　　　(C)20 ℃　　　　　(D)40 ℃

69. 密炼机冷却水进口水温不得高于（　　）。

(A)80 ℃　　　　　(B)25 ℃　　　　　(C)20 ℃　　　　　(D)40 ℃

70. 胶料的停放时间母炼胶最少（　　），最多 1 个月。

(A)2 h　　　　　　(B)8 h　　　　　　(C)1 h　　　　　　(D)16 h

71. 胶料的停放时间终炼胶最少（　　），最多 15 天。

(A)2 h　　　　　　(B)8 h　　　　　　(C)1 h　　　　　　(D)16 h

72. 胶料的停放时间容易喷霜或粘垛的胶料停放时间不超过（　　）。

(A)15 天　　　　　(B)5 天　　　　　　(C)1 个月　　　　　(D)1 天

73. 浸胶区停机事项有（　　）。

(A)排胶、压片　　　　　　　　　　　(B)冷却下片

(C)清洗胶管、胶辊和胶盆　　　　　　(D)翻炼、压片

74. 浸胶区断纸要注意擦洗（　　）。

(A)皮带轮或齿轮处　　　　　　　　　(B)单动下涂辊和轮轴部位

(C)二次抹平辊　　　　　　　　　　　(D)单动上涂辊和单动下涂辊

75. 硼酰化钴在使用前，从配料室取出到投入密炼机时间不应超过（　　）。

(A)15 天　　　　　(B)5 天　　　　　　(C)1 小时　　　　　(D)1 天

76. 配料的称量工具称量促进剂和硫化剂，称的灵敏度为（　　）。

(A)1～5 g　　　　(B)5～20 g　　　　(C)20～30 g　　　　(D)30～50 g

77. 用密炼机进行塑炼时，必须严格控制（　　）。

(A)塑炼时间　　　　(B)蒸汽压力　　　　(C)压延效应　　　　(D)投胶温度

78. 用于塑炼加工的开炼机辊筒速比一般是（　　）。

(A)1∶1.22　　　　(B)1∶1.24　　　　(C)1∶1.26　　　　(D)1∶1.28

79. 手动测厚仪主要用于压延率（　　）的帘布压延生产，应采用多点测量，尽量缩短测量间隔的时间。

(A)慢　　　　　　　(B)快　　　　　　　(C)随意　　　　　　(D)不确定

80. 丁基橡胶(IIR)突出的性能是(　　)。

(A)耐磨性能好　　　　(B)耐老化性能好　　(C)弹性最好　　　　(D)耐透气性能好

81. 橡胶是一种材料,它在大的变形下能迅速而有力恢复其形变,能够被改性。定义中所指的改性实质上是指(　　)。

(A)硫化　　　　　　　(B)混炼　　　　　　(C)压出　　　　　　(D)塑炼

82. 天然橡胶大分子的链结构单元是(　　)。

(A)丁二烯　　　　　　(B)异戊二烯　　　　(C)苯乙烯　　　　　(D)异丁烯

83. 橡胶制品在储存和使用一段时间以后,就会变硬、龟裂或发黏,以至不能使用,这种现象称之为(　　)。

(A)焦烧　　　　　　　(B)喷霜　　　　　　(C)硫化　　　　　　(D)老化

84. 橡胶在产生臭氧龟裂时,裂纹的方向与受力的方向(　　)。

(A)垂直　　　　　　　(B)水平　　　　　　(C)平行　　　　　　(D)一致

85. 利用低分子增塑剂加入生胶中,增加生胶的可塑度的方法,称(　　)。

(A)机械增塑法　　　　(B)加压增塑法　　　(C)物理增塑法　　　(D)化学增塑法

86. 天然橡胶在(　　)以下为玻璃态,高于 130 ℃为黏流态,两温度之间为高弹态。

(A)−52 ℃　　　　　　(B)−62 ℃　　　　　(C)−82 ℃　　　　　(D)−72 ℃

87. 常用橡胶的配方中起到补强作用的是(　　)。

(A)硫黄　　　　　　　(B)炭黑　　　　　　(C)芳烃油　　　　　(D)促进剂

88. 橡胶配方中防老剂的作用是(　　)。

(A)提高强度　　　　　(B)提高硬度　　　　(C)增加可塑度　　　(D)减缓老化

89. 炭黑的混炼过程不包括(　　)。

(A)塑炼阶段　　　　　(B)分散阶段　　　　(C)湿润阶段　　　　(D)过炼阶段

90. 添加了(　　)的混炼胶加热后可制得塑性变形减小的,弹性和拉伸强度等诸性能均优异的制品,该操作称为硫化。

(A)硫黄　　　　　　　(B)炭黑　　　　　　(C)芳烃油　　　　　(D)环烷油

91. 在橡胶的交联反应中为促进硫化剂与橡胶分子的反应以利于形成交联键、缩短硫化时间、降低硫化温度、减少硫黄用量、提高硫化橡胶制品的物理、化学性质而使用的物质是(　　)。

(A)硫黄　　　　　　　(B)炭黑　　　　　　(C)芳烃油　　　　　(D)促进剂

92. 由天然胶乳经过浓缩、加酸凝固、压成具有菱形花纹的胶片,烟熏制成的是(　　)。

(A)标准胶　　　　　　(B)烟片胶　　　　　(C)丁苯橡胶　　　　(D)顺丁橡胶

93. 天然胶乳经过浓缩凝固后,撕裂成几毫米的碎片,然后充入一定量的蓖麻油、压成块状而制成的是(　　)。

(A)标准胶　　　　　　(B)烟片胶　　　　　(C)丁苯橡胶　　　　(D)顺丁橡胶

94. 具有较好的弹性,是通用橡胶中弹性最好的一种橡胶的是(　　)。

(A)标准胶　　　　　　(B)烟片胶　　　　　(C)丁苯橡胶　　　　(D)顺丁橡胶

95. 黏合性比天然橡胶差,若需要增加黏性应当使用增黏剂的是(　　)。

(A)丁基橡胶　　　　　(B)烟片胶　　　　　(C)丁苯橡胶　　　　(D)顺丁橡胶

96. 废旧橡胶制品经粉碎、再生和机械加工等物理化学作用,使其有弹性状态变成具有塑性及黏性状态,并且能够再硫化的材料的是(　　)。

(A)丁基橡胶   (B)烟片胶   (C)再生橡胶   (D)顺丁橡胶

97. 线型聚合物在化学的或物理的作用下，通过化学键的联接，成为（　　）结构的化学变化过程称为硫化（或交联）。

(A)线形   (B)空间网状   (C)菱形   (D)三角形

98. 橡胶的丙酮抽出物主要成分是（　　）物质。

(A)不饱和脂肪酸和固醇类   (B)不饱和脂肪酸和非固醇类

(C)脂肪酸和亚油酸   (D)脂肪酸和固醇类

99. 天然橡胶中含水量过多，生胶易霉变，硫化时会产生海绵等。但（　　）的水分，加工过程中可除去。

(A)小于 10% (B)小于 1% (C)小于 5% (D)小于 0.1%

100. SBR 是合成橡胶中产量最大的品种，约占 50% 左右。它是（　　）的共聚产物，性质随苯乙烯的含量不同而变化。

(A)丁二烯与苯乙烯   (B)丙烯与苯乙烯

(C)过氧化氢和丁二烯   (D)甲醛和丁二烯

101. EPM 是乙烯和丙烯的定向聚合物，主链不含双键，不能用硫黄硫化，只能用（　　）硫化。

(A)浓硫酸   (B)亚硝酸   (C)硫酸钠   (D)过氧化物

102. 不溶性硫黄具有不溶于（　　）的性质，又称聚合硫，它既不会喷霜，又能缩短硫化时间，并对早期硫化有稳定作用，是子午线轮胎的首选硫化剂。

(A)过氧化氢   (B)二硫化碳   (C)硫酸氢钠   (D)一氧化硫

103. 干燥机的温度和牵引速度视纺织物的（　　）而定。

(A)强度   (B)硬度   (C)密度   (D)含水率

104. 橡胶胶料的加工，硬度在硫化开始后即迅速（　　），在正硫化点时基本达到（　　），（　　）硫化时间，硬度基本保持恒定。

(A)减小，最小值，减少   (B)增大，最大值，延长

(C)减小，最大值，延长   (D)增大，最小值，延长

105. 智能控制使混炼工艺在最优条件下，生产出质量"（　　）"的混炼胶。

(A)均一化   (B)同步化   (C)统一化   (D)多样化

106. 关于硫化胶的结构与性能的关系，下列表述正确的是（　　）。

(A)硫化胶的性能仅取决被硫化聚合物本身的结构

(B)硫化胶的性能取决于主要由硫化体系类型和硫化条件决定的网络结构

(C)硫化胶的性能取决于硫化条件决定的网络结构

(D)硫化胶的性能不仅取决被硫化聚合物本身的结构，也取决于主要由硫化体系类型和
　　硫化条件决定的网络结构

107. 编织机的规格用（　　）表示。

(A)牵引形式   (B)锭子转速   (C)锭子数量   (D)牵引速度

108. 对口胶条制备操作顺序为（　　）。

(A)胶料热炼→涂刷隔离剂→压出胶条→存放

(B)胶料热炼→压出胶条→涂刷隔离剂→存放

(C)压出胶条→涂刷隔离剂→胶料热炼→存放

(D)压出胶条→胶料热炼→涂刷隔离剂→存放

109. 三辊成型机可以用于(　　　)。

(A)硬芯法和无芯法夹布胶管的成型

(B)有芯法夹布胶管成型后的缠水布

(C)硬芯法夹布胶管的成型

(D)硬芯法和无芯法夹布胶管的成型以及有芯法夹布胶管成型后的缠水布

110. 纤维编织、缠绕胶管在成型涂浆操作时不均、漏涂造成的结果是(　　　)。

(A)鼓露　　　　(B)吸瘪　　　　(C)失圆　　　　(D)脱层

111. 纺织物干燥程度过大会损伤纺织物,并会使合成纺织物变硬,强度(　　　)。

(A)升高　　　　(B)不变　　　　(C)不确定　　　　(D)降低

112. 压延后辊筒挤压力消失,分子链要恢复卷取状态,所以胶片会沿压延方向(　　　)。

(A)伸长　　　　(B)收缩　　　　(C)不变　　　　(D)不确定

113. 热炼的作用在于恢复(　　　)和流动性,使胶料进一步均化。

(A)热塑性　　　　(B)内应力　　　　(C)硬度　　　　(D)弹性

114. 供胶过程中,供胶速度应与压延耗胶速度(　　　)。

(A)较快　　　　(B)较慢　　　　(C)相同　　　　(D)随意

115. 条状供胶过程中,输送带运转速度应该略(　　　)辊筒线速度。

(A)大于　　　　(B)小于　　　　(C)相同　　　　(D)不确定

116. 纺织物擦胶压延一般在三辊压延机上进行,中辊转速(　　　)上、下辊。

(A)小于　　　　(B)大于　　　　(C)等于　　　　(D)不确定

117. 露白是指胶料擦不上布而露白底或出现许多白点,其原因是辊温和热可塑性(　　　)。

(A)太低　　　　(B)太高　　　　(C)不稳定　　　　(D)无关系

118. 掉皮是指进行包擦时,中辊包辊胶的一部分擦到织物之内,而另一部分则掉在织物表面。形成掉皮的原因之一是中辊温度(　　　)。

(A)低　　　　(B)高　　　　(C)无关　　　　(D)不确定

119. 压延后的胶帘布停放时间不得少于(　　　)。

(A)2 h　　　　(B)4 h　　　　(C)6 h　　　　(D)8 h

120. 胶帘布裁断检查的质量标准中,大头小尾应小于(　　　)。

(A)3 mm　　　　(B)4 mm　　　　(C)5 mm　　　　(D)6 mm

121. 帘布宽度测量通常所使用的工具是(　　　)。

(A)直尺　　　　(B)钢板尺　　　　(C)卷尺　　　　(D)卡尺

122. 帘布裁断工艺中,接缝方法通常有(　　　)和对接。

(A)补接　　　　(B)层接　　　　(C)搭接　　　　(D)压接

123. 胶帘布裁断的方法通常有直裁法和(　　　)两种。

(A)交叉裁法　　　　(B)斜裁法　　　　(C)压裁法　　　　(D)立体裁法

124. 影响包辊性的重要配合要素是(　　　)品种。

(A)生胶　　　　(B)炭黑　　　　(C)促进剂　　　　(D)增粘剂

125. 开炼机塑炼时,两个辊筒以一定的(　　　)相对回转。

(A)速度　　　　　　(B)速比　　　　　　(C)温度　　　　　　(D)压力

126. 下列填料中属于补强剂的是(　　)。

(A)炭黑　　　　　　(B)陶土　　　　　　(C)碳酸钙　　　　　　(D)滑石粉

127. 纺织物的干燥一般在立式或卧式(　　)上进行。

(A)炼胶机　　　　　　(B)成型机　　　　　　(C)干燥机　　　　　　(D)烘箱

128. 设计的挤出口型过小,挤出速度(　　)。

(A)快　　　　　　(B)大　　　　　　(C)不均匀　　　　　　(D)不足

129. 过分干燥会损伤纺织物,会降低其(　　)。

(A)张力　　　　　　(B)硬度　　　　　　(C)捻度　　　　　　(D)强度

130. 设计的挤出口型过小,剪切作用(　　)。

(A)快　　　　　　(B)大　　　　　　(C)增加　　　　　　(D)不足

131. 设计的挤出口型过小,易造成出口压力(　　)。

(A)不规整　　　　　　(B)大　　　　　　(C)不均匀　　　　　　(D)不足

132. 含水率过大会(　　)橡胶与纺织物的附着力。

(A)提高　　　　　　(B)降低　　　　　　(C)不变　　　　　　(D)不一定

133. 设计的挤出口型过大,易造成半成品形状(　　)。

(A)不规整　　　　　　(B)大　　　　　　(C)不均匀　　　　　　(D)不足

134. 设计的挤出口型过大,易造成排胶(　　)。

(A)快　　　　　　(B)大　　　　　　(C)不均匀　　　　　　(D)不足

135. 挤出口型过大,易造成机头内压力(　　)。

(A)快　　　　　　(B)大　　　　　　(C)不均匀　　　　　　(D)不足

136. 一般纺织物的含水量在压延时应控制在(　　)。

(A)10%~12%　　　　(B)5%~8%　　　　(C)3%~5%　　　　(D)1%~2%

137. 挤出口型过大,致使螺杆推力(　　)。

(A)快　　　　　　(B)大　　　　　　(C)不均匀　　　　　　(D)小

138. 通过挤出两机(或三机)复合压出(　　)成分胶料或多色的复合胎面胶。

(A)两种　　　　　　(B)同种　　　　　　(C)相同　　　　　　(D)不同

139. 电线、电缆挤出机头主要是(　　)。

(A)扁平形　　　　(B)T 形和 Y 形　　　(C)圆筒形　　　(D)直向机头

140. 已浸胶的纺织物,在压延前需要(　　)。

(A)烘干　　　　　　(B)制浆　　　　　　(C)刮浆　　　　　　(D)整形

141. 胶料冷却后一般要停放(　　)以上才能使用。

(A)2 小时　　　　　　(B)3 小时　　　　　　(C)4 小时　　　　　　(D)5 小时

142. 开炼机热炼是切胶胶块最好呈三角菱形,这样的目的是(　　)。

(A)以便破胶时能顺利进入辊缝　　　　(B)外观好看

(C)切胶方便　　　　　　(D)个人喜好

143. 一般情况下开炼机前后辊的速比是(　　)。

(A)1:1.00~1:1.05　　　　　　(B)1:1.05~1:1.15

(C)1:1.25~1:1.27　　　　　　(D)1:1.27~1.35

144. 浸胶工艺影响因素有挤压辊的压力和（　　）。
(A)尺寸　　　　　(B)制浆　　　　　(C)干燥条件　　　　　(D)形状

145. 浸胶工艺影响因素有纺织物浸胶时间和纺织物（　　）。
(A)强度　　　　　(B)应力　　　　　(C)形变　　　　　(D)张力

146. 挤出口型过小，胶料焦烧的危险会（　　）。
(A)快　　　　　(B)大　　　　　(C)增加　　　　　(D)不足

147. 口型过小，易引起胶料生热（　　）。
(A)快　　　　　(B)大　　　　　(C)减少　　　　　(D)不足

148. 浸胶工艺影响因素有浸胶胶乳的组成和（　　）。
(A)浓度　　　　　(B)密度　　　　　(C)闪点　　　　　(D)沸点

149. 内胎挤出机头结构主要是（　　）。
(A)扁平形　　　　　(B)T形和Y形　　　　　(C)圆筒形　　　　　(D)直向机头

150. 胎面挤出机头结构主要是（　　）。
(A)扁平形　　　　　(B)T形和Y形　　　　　(C)圆筒形　　　　　(D)直向机头

151. 由于配合剂从胶料中喷出，在胶料表面形成的一层类似白霜的现象叫（　　）。
(A)喷霜　　　　　(B)喷油　　　　　(C)析出　　　　　(D)渗透

152. 开炼机包辊塑炼法的辊距为（　　）。
(A)1～3 mm　　　　　(B)1～5 mm　　　　　(C)5～8 mm　　　　　(D)5～10 mm

153. 开炼机薄通塑炼法的辊距为（　　）。
(A)0～0.5 mm　　　　　(B)0.5～1 mm　　　　　(C)1～1.5 mm　　　　　(D)1.5～2 mm

154. 属于挤出螺杆工作部分的是（　　）。
(A)传动轴　　　　　(B)连接部　　　　　(C)尾部　　　　　(D)螺纹部

155. 薄通塑炼法适用于（　　）。
(A)并用胶的掺和　　　　　(B)机械塑炼效果差的合成胶
(C)劳动强度要求低的情况　　　　　(D)塑炼效率高的情况

156. 纺织物的干燥与压延机组成（　　）。
(A)分离　　　　　(B)并行　　　　　(C)独立　　　　　(D)联动装置

157. 压片和造粒多用（　　）。
(A)单头螺纹螺　　　　　(B)双头螺纹螺杆　　　　　(C)圆柱形螺杆　　　　　(D)圆锥形螺杆

158. 压型和滤胶多用（　　）。
(A)单头螺纹螺杆　　　　　(B)双头螺纹螺杆　　　　　(C)圆柱形螺杆　　　　　(D)圆锥形螺杆

159. 将预热好的胶料用辊速相同的压延机压制成具有一定厚度和宽度的胶片是（　　）。
(A)压出　　　　　(B)压片　　　　　(C)贴胶　　　　　(D)擦胶

160. 开炼机混炼下片后，胶片温度冷却到（　　）以下，方可叠层堆放。
(A)30 ℃　　　　　(B)40 ℃　　　　　(C)50 ℃　　　　　(D)60 ℃

161. 对同一机台来说，速比和辊筒线速度是一定的，可通过（　　）的方法来增加速度梯度，从而达到增加对胶料的剪切作用。
(A)增大辊距　　　　　(B)减小辊距　　　　　(C)增大堆积胶　　　　　(D)减少堆积胶

162. 开炼机后辊筒的线速度与前辊筒的线速度之比称为（　　）。

(A)横压力　　　　　　　(B)炼胶容量　　　　(C)剪切力　　　　(D)速比

163. 开炼机辊筒的(　　),是根据加工胶料的工艺要求选取的,是开炼机的重要参数之一。

(A)速比　　　　　　　　(B)直径　　　　　　(C)长度　　　　　(D)线速度

164. "XK-400"炼胶机,X代表橡胶类,K表示开放式,400表示辊筒工作部分的(　　)是400 mm。

(A)长度　　　　　　　　(B)直径　　　　　　(C)半径　　　　　(D)重量

165. 衡器是衡量各种物质(　　)的计量器具或者设备。

(A)体积　　　　　　　　(B)密度　　　　　　(C)面积　　　　　(D)质量

166. 合理的炼胶容量是指根据胶料全部包前辊后,并在两辊距之间存在一定数量的(　　)来确定。

(A)堆积胶　　　　　　　(B)速度梯度　　　　(C)剪切力　　　　(D)线速度

167. 根据产品的不同要求,通过改变机头(　　)成型出各种断面形状的半成品。

(A)机身　　　　　　　　(B)筒壁　　　　　　(C)口型　　　　　(D)螺杆

168. 压片时胶片应表面光滑、(　　)。

(A)无要求　　　　　　　(B)不皱缩　　　　　(C)有一定斜度　　(D)有一定形状

169. 胶料含胶量高或弹性(　　)时,其辊温应较高。

(A)无要求　　　　　　　(B)适度　　　　　　(C)小　　　　　　(D)大

170. 原材料库房中各类材料发出,原则上采用(　　)法。

(A)先进先出　　　　　　(B)先进后出　　　　(C)就近出料　　　(D)随机

171. 原材料储存中规定,原材料距离热源的最小距离是(　　)。

(A)1米　　　　　　　　(B)2米　　　　　　(C)3米　　　　　(D)4米

172. 原材料储存中规定,原材料距离地面的最小距离是(　　)。

(A)0.1米　　　　　　　(B)0.2米　　　　　(C)0.3米　　　　(D)0.4米

173. 储存原材料的库房应地面平整,便于(　　),以防库存产品损坏或变质。

(A)密闭　　　　　　　　(B)通风换气　　　　(C)阳光直射　　　(D)人员走动

174. 四辊压延机贴合(　　)。

(A)效率高,质量好,规格较精确,但压延效应较大

(B)效率低,质量好,规格较精确,但压延效应较小

(C)效率低,质量一般,规格较精确,但压延效应较大

(D)效率高,质量一般,规格较精确,但压延效应较小

175. 压延定型胶片如采用急速冷却的办法,会使花纹(　　)。

(A)模糊　　　　　　　　(B)清晰　　　　　　(C)变形　　　　　(D)圆滑

176. 压型挤出多用(　　)。

(A)单头螺纹螺杆　　　　(B)双头螺纹螺杆　　(C)圆柱形螺杆　　(D)圆锥形螺杆

177. 通过挤出机(　　)和机筒的结构变化,可突出塑化、混合、剪切等作用中的一种。

(A)机身　　　　　　　　(B)筒壁　　　　　　(C)口型　　　　　(D)螺杆

178. 压片压延机主要用于压片或纺织物贴胶。一般为三辊或四辊,各辊转速(　　)。

(A)不同　　　　　　　　(B)相同　　　　　　(C)有速比　　　　(D)不一定

179. 开炼机混炼顺丁橡胶时辊温不宜超过(　　)。

(A)40 ℃ (B)50 ℃ (C)60 ℃ (D)70 ℃

180. 滤胶多用( )。

(A)单头螺纹螺杆 (B)右旋螺纹螺杆 (C)复合螺纹螺杆 (D)左旋螺纹螺杆

181. 原材料质量控制"三关"内容不包括( )。

(A)进货关 (B)保管关 (C)出货关 (D)保密关

182. 塑炼多用( )。

(A)单头螺纹螺杆 (B)右旋螺纹螺杆 (C)复合螺纹螺杆 (D)左旋螺纹螺杆

183. 压延前的准备工作不正确的是( )。

(A)开动设备,直接压延生产

(B)调整适合的压延工艺参数——温度、速度及压力

(C)辊温的测量,做好测温记录

(D)烘胶或者压延之前先检查所用胶料的标识是否复合工艺要求

184. 压出工交接班后工作之前,要例行( )检查设备的表显温度是否正常。

(A)调整工艺参数 (B)压出生产 (C)观察模具 (D)先关机再开机

185. 橡胶挤出机多用( )。

(A)单头螺纹螺杆 (B)右旋螺纹螺杆 (C)复合螺纹螺杆 (D)左旋螺纹螺杆

186. 橡胶形变只是由于加工条件不同而存在着( )成分的相对差异。

(A)一种 (B)两种 (C)三种 (D)四种

187. 用于测定橡胶流变性质的仪器一般称为( )。

(A)流变仪 (B)高度尺 (C)老化箱 (D)蠕变计

188. 橡胶在成型加工过程或长期使用容易发生老化现象,有效方法是添加( )。

(A)防老剂 (B)防焦剂 (C)硫化剂 (D)交联剂

189. 结晶和取向是橡胶加工过程中的( )。

(A)物理变化 (B)化学变化 (C)端末效应 (D)流动取向

190. 降解和交联是橡胶加工过程中的( )。

(A)物理变化 (B)化学变化 (C)端末效应 (D)流动取向

三、多项选择题

1. 压力贴胶的特点的是( )。

(A)积胶的压力将胶料挤压到布缝中去 (B)胶料与布的附着力提高

(C)帘线受到的张力较大 (D)性能受到损害

2. 三辊压延机贴胶特点是( )。

(A)两辊间有大量积胶 (B)两辊间没有积胶

(C)两辊间有适当的积胶 (D)三辊间均有适当的积胶

3. 压延时胶料的最大松弛时间的影响因素有( )。

(A)胶的种类 (B)配方的组成 (C)分子量大小 (D)门尼黏度

4. 减少压延效应的工艺措施有( )。

(A)提高辊速 (B)降低温度 (C)降低辊速 (D)提高温度

5. 对于压延质量来讲,最大松弛时间大则( )。

(A)回复快　　　　(B)收缩小　　　　(C)收缩大　　　　(D)回复慢

6. 对于压延质量来讲,最大松弛时间小则(　　)。

(A)回复快　　　　(B)收缩小　　　　(C)收缩大　　　　(D)回复慢

7. 压延后的胶片半成品沿着压延方向有(　　)等特点。

(A)拉伸强度小　　(B)收缩率大　　　(C)伸长率小　　　(D)拉伸强度大

8. 压延后的胶片半成品沿着垂直于压延方向有(　　)等特点。

(A)拉伸强度小　　(B)伸长率大　　　(C)收缩率小　　　(D)伸长率小

9. 同一配方可用(　　)方法表示。

(A)基本配方　　　　　　　　　　(B)质量百分数配方

(C)体积百分数配方　　　　　　　(D)生产配方

10. 密炼机转子的冷却方式有(　　)。

(A)喷淋式　　　　(B)水浸式　　　　(C)螺旋夹套式　　(D)钻孔式

11. 密炼机的规格一般以(　　)来表示。

(A)混炼室工作容积　　　　　　　(B)电机功率

(C)主动转子的转数　　　　　　　(D)主动转子的形状

12. 撕裂强度试验的试样形状有(　　)。

(A)裤形　　　　　(B)新月形　　　　(C)哑铃形　　　　(D)直角形

13. 影响橡胶材料与制品测试的主要因素有(　　)。

(A)试样制备和尺寸　　　　　　　(B)测试人员情绪

(C)测试环境温湿度　　　　　　　(D)试样状态调节

14. 硫化橡胶的拉伸性能包括拉伸强度和(　　)等。

(A)定伸应力　　　(B)扯断伸长率　　(C)扯断永久变形　(D)撕裂强度

15. 密炼机混炼的三个阶段是(　　)。

(A)润湿　　　　　(B)分散　　　　　(C)捏炼　　　　　(D)翻炼

16. 顺丁橡胶的混炼特点有(　　)。

(A)小辊距和低辊温混炼　　　　　(B)胶料不易包辊

(C)黏附性较差　　　　　　　　　(D)自粘性差

17. 混炼工艺要求有(　　)。

(A)生产效率高　　　　　　　　　(B)混炼时间短

(C)混炼胶的可塑度适当　　　　　(D)各种配合剂在生胶基体中均匀分散

18. 在硫化体系中添加的促进剂,应具备的条件是(　　)。

(A)焦烧时间长,操作安全　　　　(B)以固体形态存在于常温中

(C)热硫化速度快,硫化温度低　　(D)硫化平坦性好

19. 橡胶补强剂能使硫化胶的(　　)同时获得明显的提高。

(A)拉伸强度　　　(B)撕裂强度　　　(C)耐磨耗性　　　(D)硫化速度

20. 二次浸胶区发生停机时事项有(　　)。

(A)将胶水抽回各自的桶里　　　　(B)冷却下片

(C)清洗胶管、胶辊和胶盆　　　　(D)翻炼、压片

21. 浸胶区发生断纸时要注意清理(　　)。

(A)二次抹平辊   (B)单动下涂辊和轮轴部位

(C)刮边器   (D)单动上涂辊和单动下涂辊

22. 浸胶时出现打折的原因有（　　）。

(A)设计工艺有问题   (B)轻型布和重型布之间直接没有相连

(C)转产时,前后工艺变化大,修改太急   (D)纬丝收缩不匀

23. 胶料的热炼主要是为了进一步提高（　　）。

(A)拉伸强度   (B)门尼黏度   (C)均匀性   (D)热可塑度

24. 用压延方式压片的工艺方法有（　　）。

(A)上、中、下辊均匀积胶   (B)四辊压延机压片

(C)中、下辊积胶   (D)中、下辊不积胶

25. 影响压延机压片的工艺参数有（　　）。

(A)辊温   (B)可塑度   (C)辊速   (D)速比

26. 压延机的辊温影响胶料的（　　）性能。

(A)流动性能   (B)可塑度   (C)包辊性能   (D)混炼性能

27. 影响水性胶浆黏度的因素有（　　）。

(A)流动性   (B)湿润性   (C)表面张力   (D)pH 值

28. 影响水性胶浆粘接的效果因素有（　　）。

(A)涂胶的胶量   (B)干燥的程度

(C)硫化的压力和温度   (D)相对湿度

29. 胶浆搅拌机主要由（　　）组成。

(A)桶体   (B)搅拌桨   (C)传动装置   (D)电机

30. 压延工艺能够完成的作业形式有（　　）。

(A)胶料的压片   (B)胶片贴合   (C)胶料压型   (D)半擦胶

31. 下列表述正确是（　　）。

(A)压延是橡胶加工最重要的基本工艺过程之一

(B)压延操作不是连续进行的,但是生产效率高

(C)压延过程对操作技术的熟练程度要求较高

(D)压延机的主要工作部件是辊筒

32. 擦胶压延包括（　　）。

(A)厚擦法   (B)光擦法   (C)薄擦法   (D)包擦法

33. 经挂胶后的纺织物具有（　　）的特点。

(A)弹性提高   (B)好的防水性   (C)好的黏性   (D)好的使用性能

34. 擦胶中表面麻面或小疙瘩的主要原因包括（　　）。

(A)胶料热炼不足   (B)可塑度小   (C)辊温过高   (D)胶料焦烧

35. 为防止卷取粘连,涂胶布干燥后表面应涂隔离剂。常用的隔离剂有（　　）。

(A)滑石粉   (B)淀粉   (C)稀土   (D)玉米粉

36. 常见的无机短纤维包括（　　）。

(A)玻璃纤维   (B)石棉纤维   (C)涤纶纤维   (D)钢丝纤维

37. 可塑度影响压延时胶料的（　　）。

(A)分散性　　　　　　　(B)伸缩性　　　　　(C)均匀性　　　　　(D)流动性

38. 压延时辊筒的辊速机速比的变化会影响(　　　)。

(A)可塑度　　　　　　　(B)胶片的质量　　　(C)门尼黏度　　　(D)生产效率

39. 胶片压延常用的冷却方法有(　　　)。

(A)敷粉卷取　　　　　　(B)水槽冷却　　　　(C)冷却鼓冷却　　(D)自然冷却

40. 浸胶是为了增加胶料与纺织物间的(　　　)。

(A)结合强度　　　　　　　　　　　　　　　(B)硬度

(C)张力　　　　　　　　　　　　　　　　　(D)提高纤维的耐疲劳性能

41. 纺织物的预加工包括纺织物的(　　　)。

(A)压延　　　　　　　　(B)浸胶　　　　　　(C)刮浆　　　　　(D)烘干

42. 要求胶坯有较好的挺性的是(　　　)。

(A)压出　　　　　　　　(B)压型　　　　　　(C)压片　　　　　(D)擦胶

43. 对于一般橡胶而言,所有制品必须经过的两个加工过程是(　　　)。

(A)炼胶　　　　　　　　(B)塑炼　　　　　　(C)硫化　　　　　(D)压延

44. 要求胶料可塑度低一些的是(　　　)。

(A)压出　　　　　　　　(B)压型　　　　　　(C)压片　　　　　(D)擦胶

45. 下列橡胶中属于通用橡胶的是(　　　)。

(A)三元乙丙橡胶　　　　(B)丁腈橡胶　　　　(C)异戊橡胶　　　(D)硅橡胶

46. 要求胶料有较高的可塑度的是(　　　)。

(A)压出　　　　　　　　(B)压型　　　　　　(C)贴胶　　　　　(D)擦胶

47. 胶料渗入纺织物的空隙中的有(　　　)。

(A)压出　　　　　　　　(B)压型　　　　　　(C)贴胶　　　　　(D)擦胶

48. 下列橡胶中不易冷流的胶是(　　　)。

(A)天然橡胶　　　　　　(B)丁苯橡胶　　　　(C)顺丁橡胶　　　(D)丁腈橡胶

49. 一般使用混炼胶是在开炼机上使胶料柔软的方式有(　　　)。

(A)翻炼　　　　　　　　(B)混炼　　　　　　(C)烘胶　　　　　(D)热炼

50. 压延前胶料的热炼主要是进一步提高胶料(　　　)。

(A)温度　　　　　　　　(B)均匀性　　　　　(C)可塑性　　　　(D)硬度

51. 擦胶压延机用于纺织物的擦胶,一般为(　　　),各辊间有一定的速比。

(A)三辊　　　　　　　　(B)四辊　　　　　　(C)两辊　　　　　(D)五辊

52. 压延用的胶料首先要在(　　　)进行翻炼。

(A)塑炼机　　　　　　　(B)混炼机　　　　　(C)开炼机　　　　(D)炼胶机

53. 压延前的准备工艺有(　　　)。

(A)胶料的热炼　　　　　　　　　　　　　　(B)胶料的密炼

(C)金属骨架的预加工　　　　　　　　　　　(D)纺织物的预加工

54. 橡胶的压延生产线上的附属设备有(　　　)。

(A)纺织物的浸胶　　　　　　　　　　　　　(B)干燥装置

(C)帘布压延用的支持布辊　　　　　　　　　(D)布辊支架

55. 压型压延机用于制造表面有花纹或有一定断面形状的胶片,有(　　　),其中一个辊筒表面刻有花纹或沟槽。

(A)三辊 　　　　　(B)四辊 　　　　　(C)两辊 　　　　　(D)五辊

56. 橡胶在成型加工过程中主要应用的初混合设备包括(　　)。

(A)硫化机 　　　　(B)高速混合机 　　(C)管道式捏合机 　　(D)捏合机

57. 橡胶主要的混合塑炼设备包括(　　)。

(A)双辊塑炼机 　　　(B)密炼机 　　　　(C)硫化机 　　　　(D)挤出机

58. 四辊压延机的"同时贴合法"的特点是(　　)。

(A)平整 　　　　　(B)密实 　　　　　(C)起鼓 　　　　　(D)脱层

59. 各胶片的可塑度不一致时会产生(　　)。

(A)平整 　　　　　(B)密实 　　　　　(C)起鼓 　　　　　(D)脱层

60. 对硫化质量有决定性的影响,通常称为硫化"三要素"的是(　　)。

(A)温度 　　　　　(B)时间 　　　　　(C)压力 　　　　　(D)压强

61. 二辊压延机贴合的特点是(　　)。

(A)压延效应大 　　　　　　　　　(B)精度较差

(C)操作较简便 　　　　　　　　　(D)贴合厚度较大的胶片

62. 三辊压延机贴合是将预先制成(　　)进行贴合。

(A)型胶 　　　　　　　　　　　(B)新压延出来的胶片

(C)胶布 　　　　　　　　　　　(D)胶片

63. 四辊压延机贴合的特点是(　　)。

(A)效率高 　　　　(B)质量好 　　　　(C)规格精确 　　　(D)压延效应大

64. 橡胶发生老化的主要因素有(　　)。

(A)热氧老化 　　　(B)光氧老化 　　　(C)臭氧老化 　　　(D)疲劳老化

65. 四辊压延机贴合的工艺包含了(　　)两个过程。

(A)压出 　　　　　(B)裁断 　　　　　(C)贴合 　　　　　(D)压延

66. 贴合可以用(　　)压延机实现。

(A)二辊 　　　　　(B)三辊 　　　　　(C)四辊 　　　　　(D)单辊

67. 擦胶法的特点有(　　)。

(A)两辊间摩擦力小 　　　　　　　(B)对织物损伤较小

(C)附着力较高 　　　　　　　　　(D)胶料对织物的渗透程度大

68. 贴胶法的特点有(　　)。

(A)两辊间摩擦力小 　　　　　　　(B)对织物损伤较小

(C)压延速度快 　　　　　　　　　(D)胶料对织物的渗透性差

69. 擦胶法较多用于(　　)。

(A)薄的织物 　　　(B)帘布 　　　　　(C)帆布 　　　　　(D)经纬线密度大

70. 仓库管理中的原材料质量控制"三关"的内容是(　　)。

(A)保密关 　　　　(B)进货关 　　　　(C)保管关 　　　　(D)出货关

71. 贴胶法较多用于(　　)。

(A)薄的织物 　　　(B)经纬线密度稀 　　(C)帘布 　　　　(D)浸胶的纺织物

72. 影响压延纺织物的挂胶的因素有(　　)。

(A)胶料可塑度　　　　(B)压延辊温　　　(C)辊距大小　　　(D)胶料焦烧时间

73. 胶与布的结合力较低是因为(　　)。

(A)压延机辊速快　　　　　　　　(B)胶料受力时间短

(C)胶层与纺织物在辊隙间停留时间短　　(D)受压力的作用小

74. 薄擦法的工艺方式是(　　)。

(A)中辊不包胶　　　　　　　　(B)胶料全部擦入纺织物

(C)光擦　　　　　　　　　　(D)余胶仍包在中辊

75. 为了使混炼胶分散均匀,进行翻炼的方法有(　　)。

(A)左右割刀　　　　(B)打卷　　　(C)薄通　　　(D)打三角包

76. 混炼胶的检查通常包括下面的(　　)。

(A)分散度检查　　　　　　　　(B)均匀度检查

(C)流变性能检查　　　　　　　(D)物理机械性能检查

77. 原材料管理包括(　　)。

(A)原材料质量控制"三关"　　　　(B)原材料入库

(C)储存　　　　　　　　　　(D)原材料出库管理

78. 属于交接班工作中"五不交"内容的是(　　)。

(A)岗位卫生未搞好

(B)原始材料使用、产品质量情况及存在问题

(C)记录不齐、不准、不清

(D)车间指定本班的任务未完成,未说清楚

79. 属于交接班工作中"十交"内容的项目是(　　)。

(A)交本班生产情况和任务完成情况

(B)交设备运转,仪电运行情况

(C)交不安全因素、本班采取的预防措施和故障处理情况

(D)生产不正常、施工未处理完

80. 厚擦法的工艺方式是(　　)。

(A)中辊全包胶　　　　　　　　(B)包擦

(C)余胶仍包在中辊　　　　　　(D)中辊不包胶

81. 薄擦的特点是(　　)。

(A)胶层较厚　　　　　　　　(B)成品的耐屈挠性提高

(C)附着力较低　　　　　　　(D)用胶量多

82. 厚擦的特点是(　　)。

(A)胶料的渗透好　　　　　　(B)挂胶量小

(C)纺织物附着力大　　　　　(D)成品耐屈挠性较差

83. 在生产中所用的配方应包括(　　),在规定硫化条件下胶料比重及物理机械性能。

(A)胶料的名称及代号　　　　(B)配合剂价格

(C)各种配合剂的用量　　　　(D)生胶的含量

84. 属于喷霜的是(　　)。

(A)喷硫　　　　　　　　(B)喷彩　　　　　　　　(C)喷粉　　　　　　　　(D)喷蜡

85. 一般情况下,混炼胶的补充加工包括(　　　)。

(A)冷却　　　　　　　　(B)停放　　　　　　　　(C)滤胶　　　　　　　　(D)检验

86. 浸胶线绳作为胶带骨架材料的主要特性有(　　　)。

(A)线绳强力大　　　　　　　　　　　　(B)定负荷伸长小

(C)热收缩率稳定　　　　　　　　　　　(D)线绳与橡胶的高粘合力

87. 制浆工艺准备工作有(　　　)。

(A)准备配方规定要求的化工原料　　　　(B)准备配方规定要求软水

(C)检查混合罐否清空　　　　　　　　　(D)检查管路是否无杂物清空

88. 按浸胶缠绕时树脂基体所处的物理状态不同,缠绕工艺可分为(　　　)。

(A)混合法　　　　　　　(B)干法　　　　　　　　(C)湿法　　　　　　　　(D)半干法

89. 以下不是刮浆必须遵守的操作规程的是(　　　)。

(A)用汽油和其他易燃溶液洗涮地面

(B)工作前必须首先开动抽风机

(C)黏结剂、溶剂、汽油、棉纱等混放存放

(D)在刷浆室及工作场地吸烟

90. 浸胶是纤维缠绕工艺的重要环节,决定了缠绕纱的浸透程度、纤维强度和含胶量,其中含胶量对缠绕制品性能的影响很大。主要表现在(　　　)。

(A)影响制品的质量和厚度

(B)含胶量过高,制品强度降低,成型和固化时流胶严重

(C)含胶量过低,制品孔隙率增加,密实性、防老化性、剪切强度均下降

(D)捻线工艺参数

91. 擦胶可分为(　　　)。

(A)厚擦　　　　　　　　(B)薄擦　　　　　　　　(C)包擦　　　　　　　　(D)光擦

92. 擦胶的特点是(　　　)。

(A)速比愈大,胶料渗透愈好　　　　　　(B)搓擦力愈大,胶料渗透愈好

(C)速比愈大,布料所受的伸张力也愈大　(D)速比愈大,布料有被扯断的危险

93. 聚合物有(　　　)。

(A)钢帘线　　　　　　　(B)橡胶　　　　　　　　(C)纤维　　　　　　　　(D)树脂

94. 通用合成胶有(　　　)。

(A)天然橡胶　　　　　　　　　　　　　(B)丁苯橡胶(SBR)

(C)顺丁橡胶(BR)　　　　　　　　　　　(D)丁基橡胶(IIR)

95. 擦胶时辊速的关系是(　　　)。

(A)上、下辊等速　　　(B)中、下辊等速　　　(C)上、中辊等速　　　(D)三辊等速

96. 天然橡胶弹性好,(　　　),综合加工性能好,但耐老化性能差。

(A)机械强度高　　　　　(B)不透水　　　　　　　(C)不透气　　　　　　　(D)耐撕裂

97. 帘布裁断机工艺条件有(　　　)。

(A)胶帘布停放时间不少于2 h

(B)垫布不倒卷不准使用

(C)倒好的垫布卷一律放在架子上,不准落地

(D)垫布宽度要大于帘布宽度80~100 mm

98. 裁断宽度公差对的是(   )。

(A)宽度500 mm以下的±3 mm   (B)宽度在501~1500 mm的±5 mm

(C)1 500 mm以上的±8 mm   (D)1 500 mm以上的±10 mm

99. 裁断压线描述对的是(   )。

(A)内外层接头压线1~3根   (B)缓冲层接头压线1~2根

(C)子口包布接头10~15 mm   (D)子口包布接头15~20 mm

100. 帘布裁断作业注意事项有(   )。

(A)随时确认裁断面是否有毛边现象   (B)切割刀锋利度经常确认

(C)钢带裁断时角度确保无误   (D)切割面要求平直,不能弯曲

101. 卷曲作业要注意(   )。

(A)避免标签掉落、遗失   (B)防止材料打皱、拉伸

(C)垫布宽度要比材料宽50 mm以上   (D)垫布要保证无异物、破损,防止粘连

102. 裁断是不良品的处理中正确的是(   )。

(A)附胶不良时,补上相同胶片即可使用

(B)超过存放时间的材料禁止使用

(C)附胶不良时,通知品质监督部门确认,判定是否可用

(D)压延大卷材料密度有问题时禁止使用

103. 钢丝圈制造尺寸的质量要求有(   )。

(A)椭圆度小于4 mm   (B)周长±2 mm

(C)接头允许重叠:0~20 mm   (D)钢丝圈总宽±0.5 mm

104. 螺旋包布缠绕钢丝圈时需注意(   )。

(A)接头重叠最多10 mm   (B)接头重叠最多20 mm

(C)距离最多2 mm   (D)距离最多4 mm

105. 填充胶接头描述正确的是(   )。

(A)胶芯贴正压实   (B)接头时两端塑料垫布揭开最多50 mm

(C)按先后顺序使用填充胶   (D)填充胶接头重叠最多1 mm

106. 贴合钢丝带束层偏歪对轮胎有(   )的影响。

(A)操纵稳定性不好   (B)易造成带束层脱层和肩裂

(C)造成轮胎行驶时受力不均   (D)会使轮胎两肩部材料分布不均

107. 贴合时灯光标尺的作用有(   )。

(A)部件准确定位

(B)检查传递环及各供料架与各鼓的对中性

(C)指示各种半成品部件在鼓上的左右定位位置

(D)指示辅助鼓的垂直中心线

108. 压出工序包含(   )。

(A)称量装置、定长切割装置   (B)冷却装置

(C)供热喂料的粗炼、细炼和供胶开炼机 (D)冷、热喂料橡胶螺杆挤出机

109. 关于钢丝帘线的质量管理描述正确的是（　　）。

(A)要防止污染,如油污等

(B)不同厂家的钢丝帘线不能混装

(C)搬动锭子,要带干净手套

(D)钢丝帘线进入锭子房至少存放 24 小时方可开箱

110. 压延过程中有气泡的原因有（　　）。

(A)胶片黏性问题　　　　　　　　　(B)辊筒压力问题

(C)原材料中有水分　　　　　　　　(D)刺泡装置不正常运行

111. 探测胶料中有金属杂质,及时发出警报,由操作工将含有金属杂质的胶料取出,这样是为了（　　）。

(A)保护密炼机　　　　　　　　　　(B)保护辊筒免受损伤

(C)保护挤出机免受损伤　　　　　　(D)保证产品质量

112. 型胶或胶片压延的工艺控制要点有（　　）。

(A)贴合密实,无气泡和无杂质

(B)要保证内衬层的两层贴合时,对中不偏

(C)调整规格时,压延速度慢

(D)开始时,先测定调节压延厚度

113. 胎圈工序的主要设备和装置有（　　）。

(A)胶芯敷贴机　　　　　　　　　　(B)半硫化机

(C)胎圈包布重缠机　　　　　　　　(D)钢丝胎圈缠绕成型机

114. 钢丝帘布裁断机的装置有（　　）。

(A)贴胶片装置　　　　　　　　　　(B)卷取装置

(C)钢丝帘布导开装置　　　　　　　(D)定中心装置

115. 钢丝帘布裁断工艺要点有（　　）。

(A)压延的钢丝帘布大卷存放时间不少于 12 小时

(B)上钢丝帘布大卷要查看质量卡片

(C)相对湿度 50%±5%

(D)环境温度(22±2)℃

116. 不属于压延工序的是（　　）。

(A)塑炼　　　　　(B)混炼　　　　　(C)成型　　　　　(D)擦胶

117. 压延效应的消除办法有（　　）。

(A)提高压延速度　　　　　　　　　(B)降低供胶温度

(C)可用提高压延温度　　　　　　　(D)避免使用各向异性填料

118. 压延挠度补偿措施有（　　）。

(A)反弯曲法　　　　(B)凹凸系数法　　　(C)预负荷法　　　(D)轴交叉法

119. 压片工艺描述正确的是（　　）。

(A)压延机的辊速相等　　　　　　　(B)减少纺织物的含水量

(C)压制成有一定厚度和宽度的胶片　(D)压延机的辊速不相等

120. 压延的辊速及速比影响有（　　）。

(A)塑炼程度　　　　(B)混炼程度　　　(C)胶片的质量　　(D)生产效率

121. 贴合的工艺方法有( )。

(A)二辊压延机贴合　　　　　　(B)三辊压延机贴合

(C)四辊压延机贴合　　　　　　(D)炼胶机贴合

122. 擦胶的原理描述正确的是( )。

(A)等速压力贴合　　　　　　(B)将胶料挤擦入纺织物的缝隙中

(C)利用辊筒的压力　　　　　(D)利用辊速不同所产生的剪切力

123. 不能用压延擦胶方式生产的有( )。

(A)子口包布　　　(B)帆布　　　(C)钢丝帘布　　(D)纤维帘布

124. 常用的压延擦胶方法有( )。

(A)厚擦　　　(B)光擦　　　(C)薄擦　　　(D)包擦

125. 压延工序常用的胶种有( )。

(A)SBR　　　(B)CR　　　(C)BR　　　(D)NR

126. 通常采用( )等方式降低压延胶料的含胶率。

(A)增加塑炼时间　　(B)加软化剂　　(C)加再生胶　　(D)加填料

127. 挤出机螺杆按螺杆外形分为( )。

(A)圆柱　　　(B)圆锥　　　(C)复合螺纹　　(D)等深不等距

128. 挤出机螺杆的主要参数有( )。

(A)进胶量　　　(B)功率　　　(C)压缩比　　(D)长径比 L/D

129. 挤出机头主要有( )等部分组成构成。

(A)机身　　　(B)芯型支座　　(C)芯型　　　(D)口型

130. 挤出效应是指( )。

(A)宽度增加　　(B)宽度减小　　(C)长度减小　　(D)厚度增加

131. 挤出胶料的一般配合原则有( )。

(A)选用润滑性的软化剂　　　(B)配用炭黑、碳酸镁

(C)配用再生胶和油膏　　　　(D)含胶率应低些

132. 针对挤出工艺胶料配方的特点有( )。

(A)硬度高　　(B)易于进胶　　(C)硫化速度快　(D)各向同性

133. 压延工艺对配方的要求有( )。

(A)流动性好　　(B)焦烧期长　　(C)收缩性小　　(D)包辊性好

134. 不适合用于压延工艺的胶料特性是( )。

(A)含胶率高　　(B)各向同性　　(C)焦烧期长　　(D)硫化速度快

135. 天然胶的热炼特点有( )。

(A)前辊比后辊高 5~10 ℃　　　(B)辊温 50~60 ℃

(C)包辊性好　　　　　　　　(D)混炼加工性能较好

136. 根据工艺用途不同挤出机分为( )。

(A)压片挤出机　　(B)塑炼挤出机　(C)滤胶挤出机　(D)压出挤出机

137. 根据螺杆数量不同挤出机可分为( )。

(A)多螺杆挤出机　(B)压片挤出机　(C)双螺杆挤出机　(D)单螺杆挤出机

138. 根据结构特征不同挤出机可分为（　　）。
(A)压片挤出机 　　　　　　　　　　(B)排气冷喂料挤出机
(C)冷喂料挤出机 　　　　　　　　　(D)热喂料挤出机

139. 橡胶骨架材料的种类有（　　）。
(A)天然纤维 　　(B)各种化学纤维 　　(C)金属材料 　　(D)橡胶材料

140. 根据加工物料的不同挤出机可分为（　　）。
(A)压片挤出机 　　(B)滤胶挤出机 　　(C)塑料挤出机 　　(D)橡胶挤出机

141. 橡胶的硫化历程可分（　　）。
(A)平坦硫化阶段 　　(B)过硫化阶段 　　(C)热硫化阶段 　　(D)焦烧阶段

142. 可塑度过低会带来（　　）等影响。
(A)挺性好 　　(B)收缩率大 　　(C)混练时间长 　　(D)配合剂不易混入

143. 可塑度过高对压延压出会带来（　　）等影响。
(A)胶料易粘辊筒 　　　　　　　　　(B)粘附性较好
(C)胶料易粘垫布 　　　　　　　　　(D)半成品挺性不好

144. 可塑度过高对性能会带来（　　）等影响。
(A)成品使用好 　　　　　　　　　　(B)物理机械性能好
(C)成品使用损害严重 　　　　　　　(D)物理机械性能损害严重

145. 混炼胶质量的传统快检项目有（　　）。
(A)浓度 　　(B)硬度 　　(C)密度 　　(D)可塑度

146. 密度测定反映（　　）。
(A)配合剂少加 　　　　　　　　　　(B)配合剂多加
(C)配合剂漏加 　　　　　　　　　　(D)配合剂的分散不均

147. 常规的物理机械性能检测项目有（　　）。
(A)拉伸强度 　　(B)伸长率 　　(C)硬度 　　(D)刚度

148. 擦胶的辊筒包胶形式有（　　）。
(A)上辊包胶 　　(B)中辊包胶 　　(C)中辊不包胶 　　(D)下辊包胶

149. 天然胶的压出特性是（　　）。
(A)压出速度慢 　　　　　　　　　　(B)压出速度快
(C)半成品收缩率小 　　　　　　　　(D)半成品收缩大

150. 丁苯橡胶压出特性是（　　）。
(A)压出速度快 　　(B)表面粗糙 　　(C)压缩变形大 　　(D)压出速度慢

151. 氯丁橡胶压出特性是（　　）。
(A)压出速度慢 　　　　　　　　　　(B)压缩变形大
(C)易焦烧 　　　　　　　　　　　　(D)压出前不用充分热炼

152. 乙丙橡胶压出特性是（　　）。
(A)压出速度慢 　　(B)收缩率小 　　(C)收缩率大 　　(D)压出速度快

153. 丁腈橡胶压出特性是（　　）。
(A)压出时应充分热炼 　　(B)易焦烧 　　(C)收缩率小 　　(D)压出性能差

154. 贴胶法的优点有（　　）。

(A)对织物损伤小　　　(B)生产速度快　　　(C)对织物损伤大　　　(D)生产速度慢

155. 贴胶法的缺点有(　　)。

(A)胶层附着力稍低　　　　　　　　(B)胶层和织物附着力稍低

(C)胶层附着力高　　　　　　　　　(D)胶层和织物附着力高

156. 压延法主要用于(　　)。

(A)钢丝帘线挂胶　　　　　　　　　(B)织物挂胶

(C)胶片与胶片贴合　　　　　　　　(D)胶片与挂胶织物贴合

157. 压延法主要用于加工(　　)。

(A)地板革　　　　　　　　　　　　(B)织物复合制人造革

(C)片材　　　　　　　　　　　　　(D)聚氯乙烯薄膜

158. 压延机的规格用(　　)等指标进行标注。

(A)辊筒外径　　　　　　　　　　　(B)辊筒的工作部分长度

(C)设备功率　　　　　　　　　　　(D)设备长度

159. 压延机的辊筒可通入以下(　　)介质进行加热。

(A)导热油　　　(B)蒸汽　　　(C)过热水　　　(D)电加热

160. 压延辅机包括(　　)。

(A)金属检测器　　　(B)冷却装置　　　(C)卷绕装置　　　(D)上料装置

161. 影响压延制品质量的因素是(　　)。

(A)辊温　　　(B)辊速　　　(C)辊距　　　(D)辊隙存料量

162. 与织物复合胶片的压延方法有(　　)。

(A)热炼　　　(B)挤出　　　(C)擦胶　　　(D)贴胶

163. 排列辊筒的主要原则是(　　)。

(A)避免各个辊筒在受力时彼此发生干扰　　(B)充分考虑操作的要求和方便

(C)自动供料需要　　　　　　　　　(D)动力需求

164. 排列辊筒的斜"Z"形,它与"L"形相比时有(　　)优点。

(A)各辊筒互相独立,受力时互相不干扰　　(B)物料与辊筒的接触时间短,受热少

(C)各辊筒折卸方便,便于检修　　　(D)上料方便,便于观察存料

165. 排列辊筒的斜"Z"形,它与"L"形相比时有(　　)缺点。

(A)物料包住辊筒面积小　　　　　　(B)表面光洁性不好

(C)容易掉入杂质　　　　　　　　　(D)接触时间短,受热少

166. 倒L形压延机生产薄胶片要比用斜Z形质量好,这是因为(　　)。

(A)中辊受力不大　　　　　　　　　(B)上下作用力差不多相等,相互抵消

(C)辊筒挠度小　　　　　　　　　　(D)机架刚性好,牵引辊可离得近

167. 压延成型中的定向效应程度受(　　)等因素影响。

(A)滚筒线速度　　　　　　　　　　(B)滚筒之间的速比

(C)辊隙存料量　　　　　　　　　　(D)物料表观黏度

168. 可以降低压延成型中的定向效应的因素有(　　)。

(A)辊筒温度增加　　　　　　　　　(B)辊距增加

(C)压延时间的增加　　　　　　　　(D)辊距下降

169. 辊筒的弹性变形解决的方法有（　　　）。

(A)滚筒变速法　　　　(B)预应力法　　　　(C)轴交叉法　　　　(D)中高度法

170. 消除压延辊筒温度的温差影响有（　　　）。

(A)补偿加热　　　　(B)红外线加热　　　　(C)增加功率　　　　(D)近中区冷却

171. 保证产品横向厚度均匀的关键是（　　　）等因素的合理设计和使用。

(A)辊筒速比　　　　(B)预应力装置　　　　(C)轴交叉　　　　(D)中高度

172. 压延冷却必须适当,当冷却不足时（　　　）。

(A)胶片发皱　　　　(B)收缩率小　　　　(C)胶片粘垫布　　　　(D)收缩率大

173. 压延冷却必须适当,当冷却过度时（　　　）。

(A)收缩率大

(B)胶片发皱

(C)纤维连线易受潮

(D)辊筒表面处会因温度过低而有冷凝水珠

174. 启动压延机前,应检查的部位有（　　　）。

(A)供胶机　　　　(B)润滑油　　　　(C)加热油箱　　　　(D)辊隙

175. 导致压延收缩率增加的原因有（　　　）。

(A)联动线长度　　　　(B)功率大小　　　　(C)温度波动　　　　(D)速比太大

176. 纤维帘线压延主要控制点有（　　　）。

(A)严禁提前打开包装　　　　　　　　(B)控制压延厚度与压延密度

(C)控制各段张力　　　　　　　　　(D)控制好冷却温度

177. 聚酯帘线有（　　　）优点。

(A)尺寸稳定　　　　　　　　　　(B)吸湿性低

(C)强度和耐疲劳性能高　　　　　　(D)使用寿命长

178. 挤出机的主要技术参数有（　　　）。

(A)螺杆直径　　　　(B)长径比　　　　(C)压缩比　　　　(D)螺杆结构

179. 常用的混炼胶快检项目有（　　　）。

(A)拉伸强度　　　　(B)密度　　　　(C)硬度　　　　(D)门尼黏度

180. 擦胶利用压延机（　　　）所产生的剪切力将胶料擦入纺织物布纹组织的缝隙中。

(A)辊筒速比不同　　　(B)辊筒速比相同　　　(C)辊筒的压力　　　(D)辊筒的温度

181. 橡胶具有一些特有的加工性质,如有良好的（　　　）。

(A)可模塑性　　　　(B)可挤压性　　　　(C)可纺性　　　　(D)可延性

182. 在通常的加工条件下,橡胶形变主要由（　　　）所组成。

(A)高弹形变　　　　(B)可挤压性　　　　(C)可纺性　　　　(D)黏性形变

183. 从橡胶形变性质来看包括（　　　）两种成分。

(A)高弹形变　　　　(B)可逆形变　　　　(C)不可逆形变　　　　(D)黏性形变

184. 橡胶在管和槽中的流动时,按照受力方式划分可以分为（　　　）。

(A)压力流动　　　　(B)收敛流动　　　　(C)拖拽流动　　　　(D)黏性形变

185. 橡胶在管和槽中的流动时按流动方向分布划分为（　　　）。

(A)压力流动　　　　(B)一维流动　　　　(C)二维流动　　　　(D)三维流动

四、判断题

1. 橡胶同塑料、纤维并称为三大合成材料,是唯一具有高强度伸缩性与极好弹性的高聚物。(　　)

2. 橡胶的压延是橡胶半成品的成型过程。(　　)

3. 常温下的高弹性体是橡胶材料的独有特征,是其他任何材料所不具备的,因此橡胶也被称为弹性体。(　　)

4. 按应用范围及用途对橡胶材料进行分类:除天然橡胶外,合成橡胶可分为通用合成橡胶、半通用合成橡胶和特种橡胶三挡。(　　)

5. 天然橡胶是指从植物中获得的橡胶。(　　)

6. 天然橡胶有较好的耐碱性能,但不耐浓强酸。(　　)

7. 天然橡胶的加工包括塑炼、混炼、压延、压出、硫化几个工艺过程。(　　)

8. 挤出机根据工艺用途不同分为压出挤出机、滤胶挤出机、塑炼挤出机、混炼挤出机、压片挤出机及脱硫挤出机等。(　　)

9. 挤出可通过两机(或三机)复合压出不同成分胶料或多色的复合胎面胶。(　　)

10. 制品轻微欠硫时,尽管制品的抗张强度、弹性、伸长率等尚未达到预想的水平,但其抗撕裂性、耐磨性和抗动态裂口性等则优于正硫化胶料。(　　)

11. 贴合是指在作为制品结构骨架的织物上覆上一层薄胶。(　　)

12. 在橡胶制品加工工序(特别是硫化工位)加强通风措施虽可减小环境中亚硝胺化合物含量。(　　)

13. 在硫化模压制品时,总是希望有较长的焦烧期,使胶料有充分时间在模型内进行流动,而不致使制品出现花纹不清晰或缺胶等缺陷。(　　)

14. 天然橡胶在常温下具有较高的弹性,稍带塑性,具有非常好的机械强度,滞后损失小,在多次变形时生热低,因此其耐屈挠性也很好,由于是非极性橡胶,所以电绝缘性能良好。(　　)

15. 贴合可以用二辊、三辊和四辊压延机。(　　)

16. 硫化的橡胶低温下变硬,高温下变软,没有保持形状的能力且力学性能较低。(　　)

17. 丁苯橡胶的综合性能是所有橡胶中最好的。(　　)

18. 可塑度是用转动的方法测试胶料流动性大小的一种试验。(　　)

19. 光擦时指纺织物通过中、下辊时,胶料全部擦入纺织物中,中辊不再包胶。(　　)

20. 光擦时附着力较低,用胶量也多。(　　)

21. 橡胶制品在储存和使用一段时间以后,就会变硬、龟裂或发黏,以至不能使用,这种现象称之为"焦烧"。(　　)

22. 丁腈橡胶的性能:具有较好的弹性,是通用橡胶中弹性最好的一种橡胶。(　　)

23. 纺织物的挂胶要求橡胶与纺织物有良好的附着力。(　　)

24. 异戊橡胶的弹性较高,在通用橡胶中仅次于顺丁橡胶。(　　)

25. 丁苯橡胶压延、压出时收缩率低,黏合性不亚于天然橡胶。(　　)

26. 顺丁橡胶是一种合成橡胶。(　　)

27. 胶料可塑度大,压延辊温适当提高。(　　)

28. 胶料可塑度大,流动性好,渗透力大。(　　)

29. 乙丙橡胶的抗疲劳寿命性能好于天然橡胶。（　　）

30. 贴胶压延速度快,效率高。（　　）

31. 擦胶法的优点是胶料浸透程度大,胶料与纺织物的附着力较高。（　　）

32. 贴胶法的优点是两辊间摩擦力小,对织物损伤较小。（　　）

33. 硫化过程实质上就是使橡胶的大分子断裂,大分子链由长变短的过程。塑炼的目的就是便于加工制造。（　　）

34. 把各种配合剂和具有塑性的生胶,均匀地混合在一起的工艺过程,称为硫化。（　　）

35. 橡胶加工的基本工艺过程为塑炼、混炼、压延、压出、成型和硫化。（　　）

36. 三辊压延机贴合压延效应较大。（　　）

37. 在胶料中主要起增容作用,即增加制品体积,降低制品成本的物质称为防老剂。（　　）

38. 硫化体系包括硫化剂、硫化促进剂和硫化活性剂。（　　）

39. 使用填料的目的之一是增大容积,降低成本。（　　）

40. 四辊压延机贴合是将预先制成的胶片或胶布与新压延出来的胶片进行贴合。（　　）

41. 如果把一个 24 V 的电源正极接地,则负极的电位是－24 V。（　　）

42. 二辊压延机贴合效率高,质量好,规格也较精确,但压延效应较大。（　　）

43. 四辊压延机可以同时压延出两块胶片并进行贴合。（　　）

44. 厚擦为中辊全包胶。（　　）

45. 当胶料冷却时过量的硫黄会析出胶料表面形成结晶,这种现象称为"硫化"。（　　）

46. 擦胶的速比在 1∶1.3～1∶1.5 范围内。（　　）

47. 压延后的胶片收缩变形要适当,胶料表面要光滑,易产生气泡和针孔,容易发生焦烧现象等。（　　）

48. 胎面表面打磨麻面的目的是增加接触面积。（　　）

49. 胎面压出变异系数等于压出后胎面胶尺寸除以压出口型尺寸。（　　）

50. 添加了硫黄的混炼胶加热后可制得塑性变形减小的,弹性和拉伸强度等诸性能均优异的制品,该操作称为压延。（　　）

51. 硫化是橡胶工业生产加工的第一个工艺过程。在这过程中,橡胶发生了一系列的化学反应,使之变为立体网状的橡胶。（　　）

52. 擦胶时布料所受的伸张力也愈大,甚至有被扯断的危险。（　　）

53. 压延是指橡胶的线型大分子链通过化学交联而构成三维网状结构的化学变化过程。（　　）

54. 从理论上,胶料达到最小交联密度时的硫化状态称为正硫化。（　　）

55. 擦胶时速比愈大,搓擦力愈大,胶料渗透愈不好。（　　）

56. 擦胶时中辊等速,上、下辊较快。（　　）

57. 擦胶一般在三辊压延机上进行,供料在中、下辊间隙,在上、中辊间隙进行单面擦胶。（　　）

58. 擦胶可以提高胶料与纺织物的附着力。（　　）

59. 二次浸胶区发生停机时要清洗机台及地面。（　　）

60. 压出是胶管生产中一道很重要的工序,内外胶压出工艺包括加料的热炼、内外胶层压出。（　　）

61. 浸胶车间不合格品很多,占总产量的 8% 左右是浸胶打折布。(　　)

62. 浸胶刮浆产生的有害因素主要是苯、甲苯、二甲苯、汽油。(　　)

63. 橡胶成型产生的有害因素主要是滑石尘、苯、甲苯、二甲苯、汽油。(　　)

64. 贴胶法较多用于密度大的纺织物,如帆布等。(　　)

65. 胶乳海绵制取产生的有害因素主要是氨、甲醛、高温、射频辐射。(　　)

66. 帘布贴合产生的有害因素主要是有机粉尘。(　　)

67. 擦胶法较多用于薄的织物或经纬线密度稀的织物,如帘布。(　　)

68. 硫化反应是一个多元组分参与的复杂的化学反应过程。它包含橡胶分子与硫化剂及其他配合剂之间发生的一系列化学反应。在形成网状结构时伴随着发生各种副反应。其中,橡胶与硫黄的反应占主导地位,它是形成空间网状的最基本反应。(　　)

69. 硫化起步的意思是指硫化时间胶料开始变硬而后不能进行热塑性流动那一点的时间。硫化起步阶段即此点以前的硫化时间。在这一阶段内,交联尚未开始,胶料在模型内有良好的流动性。(　　)

70. 从硫化时间影响胶料定伸强度的过程来看,可以将整个硫化时间分为四个阶段:硫化起步阶段、欠硫阶段、正硫阶段和过硫阶段。(　　)

71. 无论是动物试验还是人类流行病学研究都充分证明,4-氨基联苯是导致膀胱癌的有害物质,防老剂 BLE 中含有微量的 4-氨基联苯。(　　)

72. 贴胶和擦胶是指胶片与胶片、胶片与挂胶织物的贴合等作业。(　　)

73. 压力贴胶时帘线受到的张力较小,一般不会使性能受到损害。(　　)

74. 擦胶利用压延机辊筒速比不同所产生的剪切力和辊筒的压力将胶料擦入纺织物布纹组织的缝隙中。(　　)

75. 对于可塑度要求很高胶料,可以采用增加塑炼时间来提高可塑度。(　　)

76. 二次浸胶区发生停机时要将洗机废水抽到废水桶里。(　　)

77. 二次浸胶区发生断纸时要注意准备在二次浸渍区贴胶带。(　　)

78. 生胶在密炼机中塑炼其分子断裂形式是以机械断裂为主。(　　)

79. 粗炼和细炼具体目的是相同的。(　　)

80. 挤出胶含胶率越高半成品膨胀收缩率越小。(　　)

81. 口型设计要求有一定锥角,锥角越大则挤出压力越大所得半成品致密性越好。(　　)

82. 焦烧和粘辊是一回事。(　　)

83. 为了防止炭黑飞扬应将油料与炭黑搅拌后加入。(　　)

84. 水性胶浆是以汽油为介质,毒害性小,复合性好。(　　)

85. 水性胶浆采用多种性能不同的合成高分子化合物分别进行复合、复配。(　　)

86. pH 值对水性胶浆的使用期的化学稳定性及固化时间没有影响。(　　)

87. 水性胶浆硫化体系的设计必须符合橡胶制品加工的工艺条件。(　　)

88. 水性胶浆替代汽油胶浆在使用上并不改变它原有的工艺流程及技术参数。(　　)

89. 线绳浸胶处理后,可以适合橡胶制品对热稳定性和静动态条件下的尺寸稳定性要求。(　　)

90. 浸胶时线绳表面分子与浆料发生物理反应。(　　)

91. 打眼工艺要求鞋眼不准有崩裂、搁印、窝边、掉漆。（　　）

92. 围条制备的两种工艺方法为压延出型工艺和模压硫化工艺。（　　）

93. 注塑制造工艺包括三部分,即鞋帮制备工艺、注塑制备工艺以及注塑成型工艺。（　　）

94. 二次浸胶区发生停机时要将洗机废水抽到废水桶里。（　　）

95. 二次浸胶区发生断纸时要注意清理单动上涂辊和单动下涂辊。（　　）

96. 胶管是用橡胶和纤维或金属材料制造的可挠曲的软管。（　　）

97. 钢丝编织胶管在编织时编织张力不当,钢丝合股时速度快,张力不均等造成的结果是骨架波纹明显。（　　）

98. 胶管成型生产记录包含生产记录及质量记录。（　　）

99. 充气编织操作时首先把挤出的内胶层管坯两端用气嘴堵住,然后充入适量的压缩空气,使管坯具有一定的延展性。（　　）

100. 在一定条件下,对生胶进行机械加工,使之由强韧的弹性状态变为柔软而具有可塑性状态的工艺过程,称为混炼。（　　）

101. 压力贴胶可以使胶料与布的附着力提高。（　　）

102. 对天然胶,最适宜的硫化温度为 143 ℃,一般不高于 160 ℃。（　　）

103. 贴胶是纺织物挂胶一种方法。（　　）

104. 擦胶是纺织物挂胶一种方法。（　　）

105. 贴胶是将两层薄胶片通过两个等速的辊筒间隙,在辊筒的压力作用下,压贴在帘布两面。（　　）

106. 压延后的胶布厚度要均匀,表面无布褶、无露线。（　　）

107. 能降低硫化温度,缩短硫化时间,减少硫黄用量,又能改善硫化胶的物理性能的物质,称为补强剂。（　　）

108. 在加工工序或胶料停放过程中,可能出现早期硫化现象,即胶料塑性下降、弹性增加、无法进行加工的现象,称为喷霜。（　　）

109. 未硫化的橡胶低温下变硬,高温下变软,没有保持形状的能力且力学性能较低,基本无使用价值,必须经过硫化才有使用价值。（　　）

110. 仪表精度等级一般都标志在仪表标尺或标牌上,数字越小,说明精度越低。（　　）

111. 制成的挂胶帘布或挂胶帆布作为橡胶制品的骨架层。（　　）

112. 生胶在密炼机中塑炼其分子断裂形式是以机械断裂为主。（　　）

113. 挂胶使纺织物线与线、层与层之间紧密地结合成一整体。（　　）

114. 挂胶可以保护纺织物,防止制品因摩擦生热而受损。（　　）

115. 挂胶可降低纺织物的弹性和防水性。（　　）

116. 二次浸胶区发生停机时要冷却下片。（　　）

117. 纺织物挂胶是用压延机在纺织物上挂上一层薄胶。（　　）

118. 能降低硫化温度,缩短硫化时间,减少硫黄用量,又能改善硫化胶的物理性能的物质,称为补强剂。（　　）

119. 在加工工序或胶料停放过程中,可能出现早期硫化现象,即胶料塑性下降、弹性增加、无法进行加工的现象,称为喷霜。（　　）

120. 为使胶片在辊筒间顺利转移,各辊应没有温差。(　　)

121. 胶片压延时,胶料含胶量高或弹性大时,其辊温应较高。(　　)

122. 压片时的辊筒存胶方式有中、下辊有积胶。(　　)

123. 擦胶可分为厚擦、薄擦。(　　)

124. 胶片压延时,胶料含胶量低或弹性小时,其辊温应较高。(　　)

125. 系统误差一般不具有累积性。(　　)

126. 仪表在外部条件保持不变情况下,被测参数由小到大变化和由大到小变化不一致的程度,两者之差即为仪表的精度。(　　)

127. 纤维编织胶管成型,在编织前不能对内胶层表面应涂一遍适量的胶浆再进行编织。(　　)

128. 橡胶是热的不良导体,它的表面与内层温差随断面增厚而减小。(　　)

129. 压片时胶片应表面光滑、不皱缩、无气泡,且厚度均匀。(　　)

130. 压片是将预热好的胶料用辊速相同的开炼机压制成具有一定厚度和宽度的胶片。(　　)

131. 压片是将预热好的胶料用辊速相同的压延机压制成具有一定厚度和宽度的胶片。(　　)

132. 薄通塑炼的辊距在 3 mm 以下,胶料通过辊距后不包辊而直接落在接料盘上。(　　)

133. 干燥机的温度和牵引速度视纺织物的强度而定。(　　)

134. 纺织物的干燥与压延机组成并行装置。(　　)

135. 对大部分橡胶胶料,硫化温度每增加 5 ℃,硫化时间缩短 1/2。(　　)

136. 输送带的带芯贴合方式若采用层叠式,则带芯边部两侧在贴合覆盖胶胶片时不需加贴边胶条。(　　)

137. 橡胶最宝贵的性质是高弹性。但是,这种高弹性又给橡胶的加工带来了较大的困难。(　　)

138. 纺织物的干燥一般在立式或卧式烘箱上进行。(　　)

139. 过分干燥会损伤纺织物,降低其捻度。(　　)

140. 影响浸胶因素有挤压辊的压力和干燥条件。(　　)

141. 影响浸胶因素有纺织物浸胶时间和纺织物应力。(　　)

142. 提高纤维的耐疲劳性能的是浸胶。(　　)

143. 纺织物干燥程度过大会损伤纺织物,并会使合成纺织物变硬,强度降低。(　　)

144. 供胶过程中,供胶速度与压延耗胶速度一般是不同的。(　　)

145. 二次浸胶区发生停机时要清洗胶管、排胶、压片。(　　)

146. 在三辊压延机上进行纺织物的擦胶压延过程中,上辊缝用以供胶,下辊缝用以擦胶。(　　)

147. 压延过程中,可塑度大,流动性好,半成品表面光滑,但压延收缩率大。(　　)

148. 纺织物贴胶是使织物和胶片通过压延机等速回转的两辊筒之间的挤压力作用下贴合在一起,制成胶布的挂胶方法。(　　)

149. 擦胶压延有包擦法和光擦法两种。(　　)

150. 压延时,辊筒在胶料的横压力作用下会产生轴向的弹性弯曲变形。(　　)

151. 帘布裁断只是把帘布按一定的宽度和一定的长度进行裁切的工艺过程。(　　)

152. 贴胶压延法的优点是速度快、效率高,对织物的损伤小。(　　)

153. 胶料在辊筒上所处的位置不同,但所受的挤压力大小流速分布状态是相同的。(　　)

154. 压延胶布使用的纺织物可以随意选取。(　　)

155. 尼龙帘线热收缩性大,为保证帘线的尺寸稳定性,在压延前必须进行热伸张处理。(　　)

156. 辊温影响压延质量,辊温高,流动性差,表面光滑。(　　)

157. 供胶过程中,宽度方向供胶要均匀,供胶宽度等于压延胶片宽度。(　　)

158. 帘布压延的质量要求断面厚度要均匀准确。(　　)

159. 压延机工作前可以不进行预热。(　　)

160. 压延准备工艺过程中,供胶方法主要有手工供胶和输送带供胶。(　　)

161. 合成纺织物是否浸胶对胶料与织物之间的结合强度影响不大。(　　)

162. 为进一步改善聚酯帘线的尺寸稳定性,需要进行预伸张处理。(　　)

163. 裁断完的胶帘布表面允许有轻微的劈缝,但其间距不能大于1根帘线。(　　)

164. 压延后的胶帘布停放时间可以根据使用情况自行控制。(　　)

165. 宽度小于10 mm的小段胶帘布是禁止使用的。(　　)

166. 裁断工艺中,不进行倒卷的垫布是禁止使用的。(　　)

167. 裁刀在需要进行磨刀处理时应采取必要的防护措施。(　　)

168. 裁断结束后,刀位可以停留在任意位置,只要关机即可。(　　)

169. 裁断作业时,所裁帘布的规格必须符合相应的工艺卡片要求。(　　)

170. 炼胶时发现异常现象,可自行处理,然后继续作业。(　　)

171. 硫黄加入易产生焦烧现象,所以硫黄应在最后加入,并控制排胶温度和停放温度。(　　)

172. 通用(万能)压延机兼有压片和擦胶两种压延机的作用,一般为三辊或四辊,各辊的速比可以改变。(　　)

173. 能保证成品具有良好的物理机械性能是对混炼胶的要求。(　　)

174. 胶片必须经过风扇吹凉后,才能进行堞片。(　　)

175. 压出生产过程中出现熟胶,与胶料可塑度偏低无关。(　　)

176. 橡胶的压延所得半成品必须经过硫化反应后才能最终成为制品。(　　)

177. 物料转运过程中,轻洒少许可以不进行补加。(　　)

178. 橡胶的压延设备其结构特点及作用原理与塑料压延机是相似的。(　　)

179. 压片压延机主要用于压片或纺织物贴胶。一般为三辊或四辊,各辊转速相同。(　　)

180. 擦胶压延机用于纺织物的擦胶,一般为三辊,各辊间有一定的速比。(　　)

181. 压片是指胶片上压出某种花纹。(　　)

182. 橡胶的黏弹性与加工温度关系,当$T>T_f$时,主要发生黏性形变,也有弹性效应。(　　)

183. 橡胶的黏弹性与加工温度关系,当 $T_g < T < T_f$ 时,主要发生弹性形变,也有黏性形变。(　　)

184. 橡胶在管和槽中的流动时,按照流动方向分布划分,可以分为压力流动、收敛流动。(　　)

185. 橡胶在管和槽中的流动时按受力方式划分,可以分为一维流动和二维流动。(　　)

186. 条状供胶过程中,输送带运转速度应该略小于辊筒线速度。(　　)

187. 热炼的作用只在于恢复热塑性,与胶料的流动性关系不大。(　　)

188. 压延时,胶料对辊筒有一个与挤压力作用大小相等,方向相反的径向反作用力称为横向力。(　　)

189. 一般说来,胶料黏度越高,压延速度越快,辊温越低,供胶量越多,压延半成品厚度和宽度也越大。(　　)

190. 测量帘布的宽度一般使用卷尺。(　　)

五、简 答 题

1. 什么是压型?

2. 什么是贴胶?

3. 挤出机的螺杆有几种分类方式?

4. 快检项目中的每一个项目可检出什么问题?

5. 简述挤出机螺杆按螺纹头数的分类及其各自应用方向。

6. 简述压型压延机用途。

7. 焦烧的胶料如何进行处理?

8. 橡胶的压延生产线上的附属设备有哪些?

9. 简述压延前的准备工艺。

10. 开炼机由哪几个部分组成?

11. 纺织物的预加工包括哪些内容?

12. 引起喷硫的主要原因是什么?

13. 简述挤出机螺杆按螺纹方向的分类及其各自应用方向。

14. 简述干燥机运行的控制项点。

15. 简述帘布裁断。

16. 简述挤出机螺杆按螺杆外形的分类及其各自应用方向。

17. 简述常用的金属织物类。

18. 压延帘布的一般常规要求有哪些?

19. 简述贴胶原理。

20. 什么是擦胶?

21. 什么是薄擦?

22. 简述骨架材料种类。

23. 纤维帘线的表示方法"1890D/2-24 EPI"中"24 EPI"什么意思?

24. 简述挤出机螺杆按螺纹的结构形式的分类及其各自应用方向。

25. 什么是复捻?

26. 什么是厚擦？

27. 分特（dtex）的含义是什么？

28. 四辊压延机由哪几部分组成？

29. 简述纤维帘布压延工序流程。

30. 聚酯帘线（也称涤纶）的特点是什么？

31. 挤出机头的结构分几类？

32. 压延时有适量的积存胶会有什么影响？

33. 如何防止压型时花纹扁塌？

34. 钢丝压延工序流程是什么？

35. 锭子房为什么要温控？

36. 简述挤出法胶片压延流程。

37. 什么是钢丝圈成型？

38. 简述钢丝帘布裁断流程。

39. 帘布在裁断的控制项点是什么？

40. 钢丝圈成型对三角胶芯的外观质量要求是什么？

41. 为了减轻口型膨胀可采用的措施有哪些？

42. 挤出口型膨胀主要影响因素有哪些？

43. 如何配置汽油胶浆？

44. 普通胶浆的作用是什么？

45. 什么是影响线绳质量的主要技术因素？

46. 挤出机头的类型按与螺杆的相对位置分几类？

47. 挤出机头的类型按机头的结构分几类？

48. 压型示意图 1 中各表示什么意思？

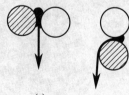
(a)
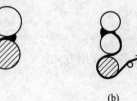
(b)
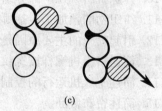
(c)

图 1

49. 挤出机头的类型按机头用途不同分几类？

50. 挤出机的喂料口配上旁压辊后有何影响？

51. 挤出机头的类型按机头内胶料压力大小分几类？

52. 简述钢丝胎圈缠绕工序定义。

53. 扁平形橡胶挤出机的机头主要用于生产哪些类型的产品？

54. T 形和 Y 形橡胶挤出机的机头主要用于生产哪些类型的产品？

55. 根据加工物料的不同挤出机的分类有哪些？

56. 擦胶分为几种方式？

57. 浸胶目的是什么？

58. 根据螺杆数量挤出机的分类有哪些?

59. 根据结构特征挤出机的分类有哪些?

60. 简述压片和压型对胶料的要求。

61. 至少列举 2 种纺织物挂胶的方法。

62. 贴胶和擦胶的基本要求有哪些?

63. 简述压延机的组成。

64. 擦胶压延有哪几种?

65. 简述帘布或帆布挂架的目的。

66. 较之涂胶作业相比,擦胶的优点有哪些?

67. 如何识别关键工序,请举例说明所在部门目前哪些工序是关键工序?

68. 如何识别特殊过程,请举例说明所在部门目前哪些过程是特殊过程?

69. 安全关键件("八防")指的是什么?

70. 根据工艺用途不同挤出机的分类有哪些?

六、综 合 题

1. 二次浸胶区发生断纸时事项有哪些?

2. 浸胶时出现打折的补救措施有哪些?

3. 一次浸胶区断纸事项有哪些?

4. 一次浸胶区停机事项有哪些?

5. 综述贴胶和擦胶各自的优缺点。

6. 入口效应和出口效应对聚合物加工有何不利? 一般怎样去降低?

7. 请说明热喂料挤出和冷喂料挤出长径比选取范围及依据。

8. 请说明热喂料挤出和冷喂料挤出压缩比选取范围及依据。

9. 影响纺织物的挂胶关键因素有哪些?

10. 综述采用二辊、三辊和四辊压延机进行贴合的工艺方法。

11. 挤出机的选用原则是什么?

12. 综述胎圈在轮胎中的作用。

13. 影响压出膨胀的因素有哪些?

14. 影响胶料膨胀率的因素有哪些?

15. 综述内衬压延主要控制点。

16. 综述钢丝帘布裁断主要控制点。

17. 综述压出膨胀产生原因。

18. 综述小角度钢丝帘布裁断机的作用。

19. 综述胶料在挤出机的挤出过程中环流状态。

20. 在布线系统中,导入刮浆板对线绳进行浸胶处理有何优点?

21. 综述胶料在挤出机的挤出过程中漏流状态。

22. 综述胶料在挤出机的挤出过程中倒流状态。

23. 综述胶料在挤出机的挤出过程中顺流状态。

24. 综述挤出机压出段的工作特点。

25. 综述挤出机压缩段的工作特点。

26. 综述挤出机喂料段的工作特点。

27. 综述减少压延效应的措施有哪些？

28. 综述挤出过程的工作原理。

29. 用开炼机热炼混炼胶时，胶料在开炼机辊筒上呈现如图 2 所示包辊状态，请综述形成原因和改善方法。

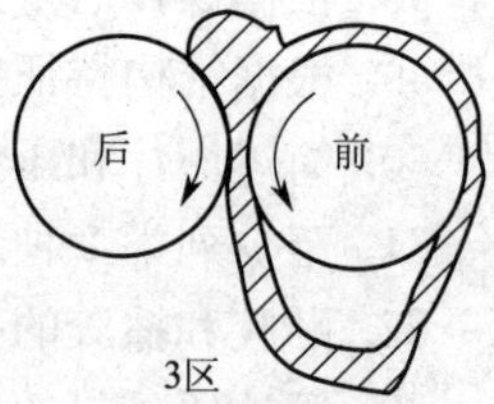

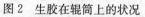

3区

图 2　生胶在辊筒上的状况

30. 公司计量器具分类中 C 类测量设备的范围包括哪些？

31. 某 XK-400 开炼机一次炼胶需要 23 min，最大装胶容量为 39 L，其中胶料比重 1.15 kg/L，根据下面公式（式 1）计算该开炼机的最大生产能力。

$$Q=60 \cdot q \cdot r \cdot a/t \qquad \text{（式 1）}$$

其中 Q——生产能力，kg/h；

　　q——一次炼胶量，L；

　　r——胶料密度，kg/L；

　　a——设备利用系数，$a=0.85\sim0.9$；

　　t——一次炼胶时间，min。

32. 根据下述经验公式（式 2）计算 XK-400 开炼机最大装胶容量，其中胶料比重 1.15 kg/L、辊筒长度 1 000 mm。

$$\begin{cases} W=V \cdot r \\ V=K \cdot D \cdot L \end{cases} \qquad \text{（式 2）}$$

式中　V——一次加胶量，L；

　　　r——胶料密度，g/cm³；

　　　K——经验系数，$0.006\,5\sim0.008\,5$ L/cm²；

　　　D——辊筒直径，cm；

　　　L——辊筒长度，cm；

　　　W——装胶重量，kg。

33. 公司规定哪些需要实施"三检"且必须进行实名记录？

34. 橡胶产品在生产过程中发现的不合格品，通常如何处理？

35. 综述挤出生产的特点。

橡胶半成品制造工(高级工)答案

一、填 空 题

1. 厚薄不均	2. 安全	3. 滤胶	4. 塑炼
5. 变形	6. 加强冷却	7. 右旋	8. 橡胶
9. 右旋	10. 圆锥形	11. 热交换	12. 处理
13. 复合	14. 装胶容量	15. 挂胶织物	16. 弹性体
17. 厚度和宽度	18. 转动	19. 门尼焦烧	20. 硫化
21. 拉伸强度	22. 拉伸	23. 可塑度	24. 预加工
25. 理化指标	26. 热炼	27. 硬度	28. 摩擦力
29. 缩短硫化时间	30. 老化	31. 含水率	32. 上抹平辊
33. 浸胶打折(包折痕)布		34. 橡胶配合剂	35. 粘连
36. 连续硫化	37. 线绳	38. 压型	39. 机械方法
40. 加压	41. 时间	42. 挺性	43. 浸胶
44. 耐疲劳性能	45. 压片	46. 一定形状	47. 螺纹部和头部
48. 传动	49. 干燥机	50. 强度	51. 热喂料
52. 胶料的压型	53. 联动装置	54. 烘箱	55. 停机
56. 漏流	57. 钢丝圈	58. 较高	59. 外径
60. 手动	61. 1	62. 施工标准	63. 落地
64. 中上辊积胶	65. 对接	66. 有积胶法	67. 普强(NT)
68. 加工性	69. 硫化时间	70. S捻	71. 外层单丝数
72. 两根单纱	73. 三辊压延机	74. 干燥	75. 清晰
76. 准确	77. 10 000 m	78. 增大	79. 较高
80. 水分过高	81. 稀线和跳线	82. 冷却温度	83. 填充剂
84. 供胶温度	85. 可塑性	86. 缠绕机	87. 刚性大
88. 摩擦生热	89. 钢丝圈	90. 三角胶	91. 二次抹平辊
92. 胶水	93. 压力	94. 附着力	95. 一次单面
96. 没有	97. 无露线	98. 滴浆	99. 承担外力
100. 静动态	101. "花线"	102. 强力	103. 单面
104. 厚薄	105. 直线运动	106. 积胶的压力	107. 输送带
108. 不规整	109. 冷却水	110. 不包胶	111. 速比
112. 焦烧	113. 无芯型	114. 附着力	115. 强度降低
116. 压延机	117. 帘布	118. 渗透性	119. 等速
120. 损伤小	121. 挤压力	122. 三辊	123. 渗透

124. 流变仪或黏度计 125. 流变仪　　126. 弹性行为　　127. 出口膨胀效应
128. 物理变化　　129. 流速分布　　130. 最大　　131. 浸胶
132. 内应力　　133. 流水　　134. 烘干　　135. 提高
136. 稀　　137. 10　　138. 1～3　　139. 双螺杆
140. 禁止　　141. 3　　142. 光滑　　143. 卷尺
144. 机筒　　145. 1.5　　146. 1　　147. 连续化
148. 更换规格　　149. 较高　　150. 大头小尾　　151. 不倒卷
152. 较厚　　153. 不同　　154. 二辊　　155. 简便
156. 有断头　　157. 预先制成　　158. 工艺卡片　　159. 精确
160. 四辊压延机　　161. 活褶子　　162. 200　　163. 热贴合
164. 同时贴合法　　165. 塑炼　　166. 无气泡　　167. 布卷
168. 6　　169. 口型　　170. 上工序　　171. 3
172. 3～8　　173. 组合式　　174. 很大　　175. 挤出产量
176. 8～17　　177. 胶料的压片　　178. 转动螺杆　　179. 长径比
180. 流动阻力　　181. 密度测定　　182. 粗糙　　183. 滤胶挤出机
184. 热炼　　185. 可塑度

二、单项选择题

1. C　2. D　3. B　4. C　5. C　6. D　7. B　8. A　9. B
10. C　11. B　12. D　13. A　14. D　15. B　16. B　17. C　18. D
19. A　20. C　21. A　22. B　23. D　24. A　25. D　26. C　27. C
28. B　29. A　30. C　31. C　32. D　33. D　34. C　35. D　36. B
37. D　38. C　39. B　40. A　41. D　42. B　43. A　44. A　45. D
46. B　47. D　48. B　49. C　50. D　51. A　52. B　53. A　54. A
55. C　56. B　57. B　58. A　59. B　60. C　61. C　62. B　63. C
64. A　65. D　66. C　67. C　68. A　69. B　70. D　71. B　72. B
73. C　74. C　75. C　76. A　77. A　78. C　79. A　80. D　81. A
82. B　83. D　84. A　85. C　86. D　87. B　88. D　89. D　90. A
91. D　92. B　93. A　94. D　95. C　96. C　97. B　98. D　99. B
100. A　101. D　102. B　103. D　104. B　105. A　106. D　107. C　108. B
109. D　110. D　111. D　112. B　113. A　114. C　115. A　116. B　117. A
118. B　119. A　120. B　121. C　122. C　123. D　124. A　125. D　126. A
127. C　128. A　129. D　130. C　131. B　132. B　133. A　134. D　135. D
136. D　137. D　138. D　139. B　140. A　141. C　142. D　143. C　144. C
145. D　146. C　147. A　148. A　149. C　150. A　151. A　152. D　153. C
154. D　155. B　156. D　157. D　158. C　159. D　160. D　161. D　162. D
163. A　164. D　165. D　166. A　167. C　168. B　169. D　170. A　171. A
172. B　173. B　174. A　175. B　176. B　177. D　178. D　179. B　180. A
181. D　182. C　183. A　184. D　185. B　186. B　187. A　188. A　189. A

190. B

三、多项选择题

1. ABCD	2. BC	3. ABCD	4. CD	5. CD	6. AB	7. BCD
8. ABC	9. ABCD	10. AC	11. AC	12. ABD	13. ACD	14. ABCD
15. ABC	16. ABCD	17. ABCD	18. ACD	19. ABC	20. AC	21. AD
22. ACD	23. CD	24. BCD	25. ABCD	26. AC	27. ABCD	28. ABCD
29. ABC	30. ABCD	31. ACD	32. ABCD	33. ABCD	34. ABCD	35. ABD
36. ABD	37. BCD	38. BD	39. ABCD	40. AD	41. BD	42. BC
43. AC	44. BC	45. ABC	46. CD	47. CD	48. ABD	49. AD
50. BC	51. AB	52. CD	53. AD	54. ABCD	55. ABC	56. AD
57. ABD	58. AB	59. CD	60. ABC	61. BCD	62. BCD	63. CD
64. ABCD	65. CD	66. ABC	67. CD	68. ABCD	69. CD	70. BCD
71. ABCD	72. ABCD	73. ABCD	74. ABC	75. ABCD	76. ABCD	77. ABCD
78. ACD	79. ABC	80. ABC	81. ABCD	82. ABCD	83. ABCD	84. ACD
85. ABC	86. ABCD	87. ABCD	88. BCD	89. ACD	90. ABC	91. ABCD
92. ABCD	93. BCD	94. BCD	95. AB	96. ABCD	97. ABCD	98. ABC
99. ABD	100. ABCD	101. ABCD	102. BCD	103. ABCD	104. BD	105. ABCD
106. ABCD	107. ABCD	108. ABCD	109. ABCD	110. ABCD	111. BCD	112. ABCD
113. ABCD	114. ABCD	115. BCD	116. ABC	117. CD	118. ABCD	119. AC
120. CD	121. ABC	122. BCD	123. CD	124. ABCD	125. ABCD	126. BCD
127. AB	128. CD	129. BCD	130. BCD	131. ABCD	132. BD	133. ABCD
134. AD	135. ABCD	136. ABCD	137. ACD	138. BCD	139. ABC	140. CD
141. ABCD	142. ABCD	143. ACD	144. CD	145. BCD	146. ABCD	147. ABC
148. BC	149. BC	150. BCD	151. CD	152. BD	153. AD	154. AB
155. AB	156. ABCD	157. ABCD	158. AB	159. BC	160. ABCD	161. ABCD
162. CD	163. ABC	164. ABCD	165. ABC	166. ABCD	167. ABCD	168. ABC
169. BCD	170. ABD	171. BCD	172. ACD	173. CD	174. BCD	175. CD
176. ABCD	177. ABCD	178. ABCD	179. BCD	180. AC	181. ABCD	182. AD
183. BC	184. ABC	185. BCD				

四、判 断 题

1. ×	2. √	3. ×	4. ×	5. √	6. ×	7. ×	8. √	9. √
10. ×	11. ×	12. ×	13. √	14. ×	15. √	16. ×	17. ×	18. ×
19. √	20. √	21. ×	22. ×	23. √	24. ×	25. ×	26. √	27. √
28. √	29. ×	30. √	31. √	32. √	33. ×	34. ×	35. √	36. √
37. ×	38. √	39. √	40. ×	41. √	42. ×	43. √	44. √	45. ×
46. √	47. ×	48. √	49. √	50. ×	51. ×	52. ×	53. ×	54. ×
55. ×	56. ×	57. ×	58. √	59. √	60. √	61. √	62. √	63. √

64. ×	65. √	66. √	67. ×	68. ×	69. √	70. ×	71. ×	72. ×
73. ×	74. √	75. ×	76. √	77. √	78. √	79. ×	80. ×	81. √
82. ×	83. ×	84. ×	85. √	86. ×	87. √	88. √	89. √	90. ×
91. √	92. ×	93. √	94. √	95. √	96. √	97. ×	98. √	99. ×
100. ×	101. √	102. √	103. √	104. √	105. √	106. √	107. √	108. √
109. √	110. √	111. √	112. √	113. √	114. √	115. ×	116. √	117. √
118. ×	119. √	120. ×	121. √	122. √	123. √	124. √	125. √	126. √
127. ×	128. √	129. √	130. √	131. √	132. √	133. √	134. √	135. √
136. √	137. √	138. ×	139. √	140. √	141. √	142. √	143. √	144. ×
145. ×	146. √	147. ×	148. √	149. √	150. √	151. √	152. √	153. √
154. √	155. √	156. ×	157. √	158. √	159. √	160. √	161. √	162. √
163. √	164. √	165. √	166. √	167. √	168. √	169. √	170. √	171. √
172. √	173. √	174. √	175. ×	176. √	177. √	178. √	179. √	180. √
181. ×	182. √	183. √	184. ×	185. ×	186. √	186. ×	188. √	189. √
190. √								

五、简 答 题

1. 答:指将热炼后(1分)的胶料压制(1分)成具有一定断面形状(1分)或表面具有某种花纹(1分)的胶片的工艺(1分)。

2. 答:在作为制品结构骨架的织物(3分)上采用压力贴合覆上一层薄胶(2分)。

3. 答:按螺纹头数、螺纹方向、杆外形、螺纹的结构形式四种。(漏填一项扣1分)

4. 答:密度、硬度可检验出配合剂的分散程度及是否漏加、错加、少加(2分);硫化特性可检验出硫化体系是否合理、配合得当及胶料的焦烧期、热硫期、平坦期、过硫期、起硫点、硫化速度等(3分)。

5. 答:按螺纹头数分:单头、双头、三头和复合螺纹螺杆(2分)。双头螺纹螺杆用于压型挤出(1分);单头螺纹螺杆多用于滤胶(1分);复合螺纹螺杆多用于塑炼(1分)等。

6. 答:用于制造表面有花纹或有一定断面形状的胶片(1分),有两辊、三辊、四辊(2分),其中一个辊筒表面刻有花纹或沟槽(2分)。

7. 答:轻微焦烧胶料,可通过低温(45℃以下)薄通,恢复其可塑性(2分)。焦烧程度略重的胶料可在薄通时加入1%~1.5%的硬脂酸或2%~3%的油类软化剂使其恢复可塑性(2分)。对严重焦烧的胶料,只能作废胶处理(1分)。

8. 答:纺织物的浸胶、干燥装置(1分),帘布压延用的支持布辊、扩布器、布辊支架、干冷却辊、卷取装置等。(漏填一项扣1分)

9. 答:胶料的热炼和纺织物的预加工(5分)。

10. 答:辊筒、辊筒轴承、机架、横梁、底座、传动装置、调距装置、调温系统、安全制动装置、润滑系统。(漏填一项扣1分)

11. 答:包括纺织物的浸胶和烘干(5分)。

12. 答:引起喷硫的主要原因是生胶塑炼不充分(1分);混炼温度过高;混炼胶停放时间过长(1分);硫黄粒子大小不均、称量不准确等(1分)。有的也因硫黄选用不当而导致喷硫(1

分)。对因混炼不均、混炼温度过高以及硫黄粒子大小不均所造成的胶料喷硫问题,可通过补充加工加以解决(1分)。

13. 答:按螺纹方向分有左旋和右旋两种(3分),橡胶挤出机多用右旋螺纹螺杆(2分)。

14. 答:干燥机的温度和牵引速度视纺织物的含水率而定(5分)。

15. 答:在这个工序里,帘布将被裁断成适用的宽度并接好接头(2分)。帘布的宽度和角度的变化主要取决于轮胎的规格以及轮胎结构设计的要求(3分)。

16. 答:按螺杆外形分有圆柱形、圆锥形、圆柱圆锥复合形螺杆(2分)。圆柱形螺杆多用于压型和滤胶(1分);圆锥形螺杆多用于压片和造粒(1分);复合形螺杆多用于塑炼(1分)。

17. 答:钢丝帘线(1分),包括有纬及无纬两种(1分),常用到的为无纬钢丝帘线,按帘线的构成上分,又有 OC、CC、普通分类,按强度上分又有普强(NT)、高强(HT)、超高强(UT)等(3分)。

18. 答:要求橡胶与纺织物有良好的附着力(2分),压延后的胶布厚度要均匀(1分),表面无布褶(1分)、无露线(1分)。

19. 答:将两层(或一层)薄胶片(1分)通过两个等速(1分)的辊筒间隙(1分),在辊筒的压力作用下(1分),压贴在帘布两面(或一面)(1分)。

20. 答:擦胶利用压延机辊筒速比不同(1分)所产生的剪切力(1分)和辊筒的压力(1分)将胶料擦入纺织物布纹组织的缝隙中(1分),以提高胶料与纺织物的附着力(1分)。

21. 答:薄擦为中辊不包胶(2分),当纺织物通过中、下辊时,胶料全部擦入纺织物中,中辊不再包胶,故也称光擦法(3分)。

22. 答:1)纤维织物类:尼龙 6(66)、聚酯、芳纶、维纶、人造丝(3分)。

2)金属织物类:钢丝帘线(2分)。

23. 答:经线密度(5分)。

24. 答:按螺纹的结构形式分:普通型(如等深变距型或等距变深型),分流型(如销钉型),分离型(如副螺纹型)和复合型螺杆等。(漏填一项扣1分)

25. 答:股线的加捻(3分),多为 S 捻(2分)。

26. 答:厚擦为中辊全包胶(2分),当织物经中、下辊缝时,部分胶料擦入织物中,余胶仍包在中辊上,也称包擦法(3分)。

27. 答:分特(dtex)——每 10 000 m 长度的纤维或纱线所具有的质量克数(5分)。

28. 答:四辊压延机由帘布导开、接头、牵引、干燥、压延、冷却和卷取等部分组成(3分),同时整个生产线还有压延前帘布存放架和压延后大卷帘布存放架(2分)。

29. 答:导开→接头→储布→烘干→扩布→压延→冷却→卷取。(漏填一项扣1分)

30. 答:聚酯帘线(也称涤纶)其特点是伸长比比尼龙小,与人造丝接近(2分);强度比尼龙低,但高于人造丝;耐冲击和耐疲劳性与尼龙接近,比人造丝优越得多(2分)。它迅速发展成为小轿车胎的骨架材料(1分)。

31. 答:橡胶挤出机的机头结构主要分为圆筒形、扁平形、T 形和 Y 形。(漏填一项扣1分)

32. 答:有适量的积存胶可使胶片表面光滑(2分),有利于减少内部气泡(1分),提高密实程度(1分),但同时也会增大压延效应(1分)。

33. 答:由于橡胶具有弹性复原性(1分),当含胶率较高时,压延后的花纹易变形(1分),

因此在可能的条件下,配方中可多加填充剂和适量的软化剂或者再生胶(2分),以防止花纹扁塌(1分)。

34. 答:锭子导开→整经辊→压延→冷却→储布→卷取。(漏填/顺序错一项扣2分)

35. 答:锭子房配有温控、湿控装置,对温度、湿度严格控制,避免钢丝生锈和水分过高而影响黏合。(漏填一项扣1分)

36. 答:供胶→两辊→复合→冷却→卷取。(漏填/顺序错一项扣2分)

37. 答:钢丝圈成型就是把挤出的钢丝圈与压出的三角胶组合成一个整体的工艺过程(5分)。

38. 答:帘布导开→垫布剥离→裁断→纵裁→胶片贴合→卷取。(漏填/顺序错一项扣2分)

39. 答:帘布在裁断过程中要避免拉伸、变形(2分)。要保证裁断帘布的尺寸、角度及接头的大小和质量(3分)。

40. 答:三角胶芯尺寸符合工艺卡片要求(1分)。三角胶芯接头要求对接(1分),不得搭接(1分),无脱开、不翘起、无缺空(2分)。

41. 答:减轻口型膨胀的措施:胶料方面,适当降低含胶率(增加填料用量)、适当降低胶料的黏度(增加增塑剂用量、使用分散剂、润滑剂、塑炼、混炼、热炼)、适当提高胶料温度(热炼)(2分);挤出工艺方面,适当减小挤出速度、适当提高机头和口型的温度;设备方面,适当增加口型板的厚度、增加机头和口型内壁光滑程度、机头和口型尺寸与螺杆尺寸匹配(3分)。

42. 答:影响因素:

1)口型结构:口型形状、口型壁(板厚度)长度(2分);

2)工艺因素:机头、口型温度、压出速度等(2分);

3)配方因素:生胶和配合剂的种类、用量、胶料可塑性等(1分)。

43. 答:汽油胶浆由生胶在炼胶机上经塑炼(1分),然后加硫化剂、促进剂、活性剂、补强剂、防老剂等配制炼得混合胶(2分),切碎后加入溶剂汽油搅拌而成(2分)。

44. 答:普通胶浆只是用于一般印花使用的浆,不要求达到特殊效果(2分)。其本身可分为透明浆(2分)、白胶浆、彩印浆和罩光浆(1分)。

45. 答:1)捻线工艺参数(1分)。

2)一浸液和二浸液的配方及配制(1分)。

3)一浸液和二浸液浸渍后的化学反应条件及热处理程度,即浸胶的工艺(2分)。

4)浸胶设备的设计与制作(1分)。

46. 答:按与螺杆的相对位置分为直向机头(1.5分)、直角机头(1.5分)和斜角机头(2分)。

47. 答:按机头的结构分有芯型机头和无芯型机头。(5分)

48. 答:

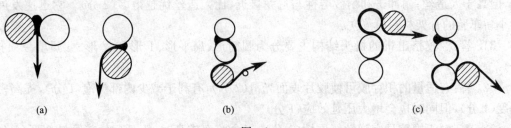

(a)　　　　　　　　　　(b)　　　　　　　　　　(c)

图　1

(a)两辊压延机压型(1.5分)、(b)三辊压延机压型(1.5分)、(c)四辊压延机压型(1分)。其中有斜线的表示有花纹的辊筒(1分)。

49.答:按机头用途不同分:内胎机头、胎面机头、电缆机头等。(漏填一项扣2分)

50.答:在喂料口侧壁螺杆的一旁加一压辊构成旁压辊喂料,此种结构供胶均匀(1分),无堆料现象(1分),半成品质地致密(1分),能提高生产能力(1分),但功率消耗增加(1分)。

51.答:按机头内胶料压力大小分:低压机头、中压机头、高压机头。(漏填一项扣2分)

52.答:将单根钢丝(1分),通过专用设备覆胶(1分)并连续缠绕数圈(1分)制成具有一定断面形状(1分)的圆环形钢丝圈(1分)的加工工艺。

53.答:用以制造轮胎胎面(2分)。这种机头又分为整体式和复合式两种(3分)。

54.答:用以制造电线电缆绝缘层,轮胎钢丝圈及胶管包胶等(2分)。其结构一般有两种形式:直角机头和斜角机头(3分)。

55.答:可分为橡胶挤出机和塑料挤出机(5分)。

56.答:擦胶可分为厚擦和薄擦(5分)。

57.答:浸胶目的是增加胶料与纺织物间的结合强度(3分),提高纤维的耐疲劳性能(2分)。

58.答:可分为单螺杆挤出机、双螺杆挤出机和多螺杆挤出机。(漏填一项扣2分)

59.答:可分为热喂料挤出机、冷喂料挤出机和排气冷喂料挤出机。(漏填一项扣2分)

60.答:压片和压型要求胶坯有较好的挺性(3分),可塑度要求低一些(2分)。

61.答:贴胶、压力贴胶、擦胶。(漏填一项扣2分)

62.答:胶与布之间的附着力要大,胶的渗透性要好,胶层厚薄一致,胶层不得有焦烧现象。(漏填一项扣1分)

63.答:压延机由辊筒、机架与轴承、调距装置、辅助装置、电机传动装置,以及厚度检测装置构成。(漏填一项扣1分)

64.答:擦胶压延有两种,分别是包擦法和光擦法。(漏填一项扣3分)

65.答:帘布或帆布挂胶的目的是使纺织物与线、层与层之间互相紧密地结合成一整体,起到共同承担外力的作用(5分)。

66.答:不用溶剂,利于作业人员身体健康;很大程度上避免了气泡;符合多快好省的原则(5分)。

67.答:按产品识别关键工序(1分),对产品质量起决定性作用(1分)的工序应识别为关键工序。如胶囊成型(1分)、混炼工序(1分);关键工序应在相关工艺文件中进行标识(1分)。

68.答:按工艺流程识别特殊过程(1分),对形成的产品是否合格不易(1分)或不能经济地进行检验或试验来验证的过程应识别为特殊过程(1分)。如胶囊(1分)、橡胶件硫化过程(1分)。

69.答:裂(裂损)、脱(脱落)、燃(燃轴)、断(断裂)、爆(爆炸)、火(火灾)、离(分离)、飚(放飚)。(漏填一项扣1分)

70.答:分为压出挤出机、滤胶挤出机、塑炼挤出机、混炼挤出机、压片挤出机及脱硫挤出机等。(漏填一项扣1分)

六、综合题

1.答:二次浸胶区断纸事项如下:(评分标准:1～6条每条1.5分,第7条1分)

1)清理二次浸渍区断纸;

2)单动上涂辊和单动下涂辊;

3)檫洗二次抹平辊；

4)打起上涂辊和上抹平辊；

5)拿掉刮边器，贴好透明胶；

6)清理第一段烘箱内断纸；

7)准备在二次浸渍区贴胶带。

2. 答：浸胶时出现打折的补救措施有：

1)在储布架等上缠丝，导致布面不平引起打折，这匹布做完之后马上接引布，停车进行处理，并检查其他部位有无缠丝，再开车继续生产。严禁工作人员在生产过程中去处理(5分)。

2)在烘箱出来布面打折，及时由人员赶开，避免打折从头至尾。若赶开后重新打折，可能是对应的烘箱内罗拉辊出问题，需要打开查看，若有，则需上引布停车处理(5分)。

3. 答：一次浸胶区断纸事项如下：

1)取引纸棒到一次浸胶区，装引纸棒(2.5分)；

2)清理第一段烘箱内断纸(2.5分)；

3)开机后帮中机贴透明胶(2.5分)；

4)到剪纸区上纸(2.5分)。

4. 答：一次浸胶区停机事项如下：

1)根据胶水的种类和多少添加相应的烧碱，将胶水 pH 值调回至8,颜色呈深绿色(使用广范试纸)(2.5分)；

2)将胶水从胶槽内抽出装入桶内或胶罐内(2.5分)；

3)清洗后机所有的胶辊、胶槽，将废水舀出倒入垃圾桶(3分)；

4)丢掉原纸包装物，清洗地面(1分)；

5)关掉一次浸胶区所有开关、门窗(1分)。

5. 答：贴胶法——两辊间摩擦力小，对织物损伤较小，压延速度快，效率高，但胶料对织物的渗透性差，影响胶料与织物的附着力(5分)。

擦胶法——胶料浸透程度大，胶料与纺织物的附着力较高，但易擦坏纺织物，故较适用于密度大的纺织物，如帆布等(5分)。

6. 答：1)入口效应和离膜膨胀效应通常对聚合物加工来说都是不利的，特别是在注射、挤出和纤维纺丝过程中，可能导致产品变形和扭曲，降低制品尺寸稳定做并可能在制品内引入内应力，降低产品机械性能(5分)。

2)增加管子长度、增加管径、L/D 增加，减小入口端的收敛角，适当降低加工应力、增加加工温度、给以牵伸力，减小弹性变形的不利因素(5分)。

7. 答：长径比大，胶料在挤出机内走的路程长，受到的剪切、挤压和混合作用就大(4分)。热喂料挤出机的长径比一般在3～8之间(3分)，而冷喂料挤出机的长径比一般为8～17,甚至达到20(3分)。

8. 答：压缩比的大小视挤出机的用途而异(2分)。压缩比过大，虽然可保证半成品质地致密，但挤出过程的阻力增大，胶料升温高易产生焦烧，且影响产量(2分)；压缩比过小影响半成品致密程度(2分)。

热喂料挤出机常用压缩比为 1.3～1.4,有时可达 1.6～1.7(2分)；冷喂料挤出机常用压缩比为 1.7～1.8,有时可达 1.9～2.0(2分)。

9. 答:要求橡胶与纺织物有良好的附着力(2分)。压延机辊速快,压延速度快,胶料受力时间短,胶层与纺织物在辊隙间停留时间短,受压力的作用小,胶与布的结合力就较低(4分)。因此压延速度应视胶料的可塑性而定(2分)。辊距大小也影响压延的质量(2分)。

10. 答:二辊压延机贴合是用普通等速二辊炼胶机进行,可以贴合厚度较大的胶片,操作较简便,但精度较差(3分)。

三辊压延机贴合是将预先制成的胶片或胶布与新压延出来的胶片进行贴合(3分)。

四辊压延机贴合的工艺包含了压延和贴合两个过程,即同时压延出两块胶片并进行贴合,此法效率高,质量好,规格也较精确,但压延效应较大(4分)。

11. 答:橡胶挤出机的选用,由所需半成品的断面大小和厚薄来决定。对于压出实心或圆形中空半成品,一般口型尺寸约为螺杆直径的 $0.3 \sim 0.75$ 左右(4分)。

口型过大,螺杆推力小,机头内压力不足,排胶不均匀,半成品形状不规整(3分);口型过小,压力太大,速度虽快些,但剪切作用增加,引起胶料生热,增加胶料焦烧的危险(3分)。

12. 答:胎圈在轮胎中的作用:

1)承受外胎与轮辋的各种相互作用力(2分);

2)承担把轮胎固定在轮辋上,把来自车辆的驱动、制动、调节方向等,通过轮辋→胎圈→胎侧→胎面→传达到路面(3分);

3)确保车辆的驱动、制动、操纵安全性等性能(3分);

4)承担冲击形变对轮胎的作用力(2分)。

13. 答:1)工艺因素:口型形状、口型(板厚度)壁长度、机头和口型温度、压出速度等(4分)。

2)配方因素:生胶和配合剂的种类、用量、胶料可塑性等(2分)。

一般来说,胶料可塑性小、含胶率高、压出速度快,胶料、机头和口型温度低时,压出物的膨胀率(或收缩率)就大(4分)。

14. 答:1)胶种和配方:胶种不同。其挤出膨胀率不同。含胶率高挤出膨胀率大;无机填料膨胀率比炭黑小(3分)。

2)胶料可塑度:胶料可塑度越大,挤出膨胀率越小(1分)。

3)机头温度:机头温度高,挤出膨胀率小(1分)。

4)挤出速度:挤出速度快,膨胀率大(1分)。

5)半成品规格:半成品规格大的,膨胀率小(2分)。

6)压出方法:胶管管坯采用有芯压出时,膨胀率比无芯压出时要小(2分)。

15. 答:1)供胶温度(2分)。

2)内衬宽度与厚度(2分)。

3)内衬复合差级(2分)。

4)内衬冷却(2分)。

5)密封层胶料使用(尤其注意不可与纯胶片胶混用)(2分)。

16. 答:1)带束层的宽度(2分)。

2)带束层的角度(2分)。

3)带束层接头(要求对接,接头不允许搭接、开线、错位、大头小尾等)(4分)。

4)按要求贴合胶片(2分)。

17. 答:胶料是黏弹性体,当它流过口型时,同时经历黏性流动和弹性变形。胶料由机头进入口型时,一般是流道变窄,流速增大,在流动方向上形成速度梯度。这种速度使胶料产生拉伸弹性变形。当口型流道较短时胶料拉伸变形来不及恢复,压出后产生膨胀现象。(即压出物的直径大于口型直径,而轴向出现回缩)(6分)。压出膨胀量主要取决于胶料流动时可恢复变形量和松弛时间的长短(4分)。

18. 答:小角度钢丝帘布裁断机是半钢、全钢子午胎生产线重要设备之一(2分)。其主要功能是将钢丝帘布按照设定角度和宽度裁断成帘布条(3分),再将帘布条进行拼接、包边贴边、卷取(3分)。即可供轮胎成型机生产用的半成品——带束层(2分)。

19. 答:环流又称为横流,由于螺杆旋转时产生的推挤作用引起的流动(2分),它与顺流成垂直方向(2分),促使胶料混合,对产量无影响,见图2(4分)。环流对胶料起着搅拌混炼、热交换和塑化的作用(2分)。

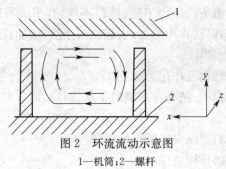

图2　环流流动示意图

1—机筒;2—螺杆

20. 答:1)刮浆板能有效地去除线绳附带的多余浆料,使加工好的线绳有一个"光洁"的表面。没有线绳表面由于多余浆料造成的"斑点",从而影响线绳黏合力的现象(2分)。

2)因为去除了线绳的多余浆料,烘箱前后槽辊所附着的胶料相应比较少,从而避免了线绳表面因为沾胶而引起的"花线"现象(2分)。

3)用刮浆板去除线绳附带的多余浆料,直接带来经济效益。部分被刮浆板刮掉的浆料能回到浆槽再次利用,耗浆量减少(2分)。

4)刮浆板直接作用于槽辊的表面,与线绳没有直接的接触。线绳表面纤维因之不增加受损程度(2分)。

5)刮浆板安装调换简单方便,构造制作简易,价格低廉(2分)。

21. 答:漏流:在螺杆螺峰与机筒内壁间缝隙(2分),由于机头阻力而引起的(2分),它与顺流方向相反(2分),它引起挤出产量减少,如图3所示(4分)。

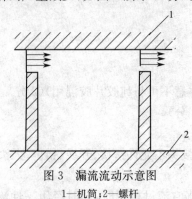

图3　漏流流动示意图

1—机筒;2—螺杆

22. 答:倒流:由于机头对胶料的阻力引起的(2分),也称压力倒流或逆流(2分)。胶料顺着压力梯度沿螺杆通道而产生倒流(4分)。倒流引起挤出产量减少(2分)。

23. 答:顺流:由于螺杆转动促使胶料沿着螺纹槽向机头方向的流动(2分),它促使胶料挤出(2分),又称为挤流(2分)。它的速度分布近似直线,在螺杆表面速度最大(2分),在机筒内壁速度近似为零。顺流对挤出产量有利(2分)。

24. 答:压出段,又称为计量段(2分),把压缩段输送来的胶料进一步加压搅拌(2分),此时螺纹槽中已形成完全流动状态的胶料(2分)。由于螺杆的转动促使胶料流动(2分),并以一定的容量和压力从机头流道均匀挤出(2分)。

25. 答:压缩段,又称为塑化段(2分),此段从胶料开始熔融起至全部胶料产生流动止(2分)。压缩段接受由喂料段送来的胶团(2分),将其压实、进一步软化(2分),并将胶料中夹带的空气向喂料段排出(2分)。

26. 答:喂料段,又称为固体输送段(2分),此段从喂料口起至胶料熔融开始(2分)。胶料进入加料口后,在旋转螺杆的推挤作用下(2分),在螺纹槽和机筒内壁之间作相对运动(2分),并形成一定大小的胶团(2分)。

27. 答:压延工艺方面:适当提高压延机辊筒(2分)表面的温度(2分);提高压延半成品的停放温度(2分);降低压延速度(2分);适当增加胶料的可塑度(2分)。

28. 答:挤出成型是在一定条件下将具有一定塑性的胶料通过一个口型连续压送出来,使它成为具有一定断面形状的产品的工艺过程(2分)。

胶料沿螺杆前移过程中,由于机械作用及热作用的结果,胶料的黏度和塑性等均发生了一定的变化,成为一种黏性流体(2分)。根据胶料在挤出过程中的变化,一般将螺杆工作部分按其作用不同大体上分为喂料段、压缩段和挤出段三部分(6分)。

29. 答:原因:随着温度升高,橡胶流动性增加(2分),分子间拉力减小(2分),弹性和强度降低(2分),出现脱辊胶片破裂(2分)现象。

改善方法:可采取增强冷却效果降低胶料温度、减小辊距的方法进行改善(2分)。

30. 答:1)用于工艺控制、质量、试验、经营管理和能源管理等对计量数据无准确度要求的指示用测量设备(4分)。

2)与设备配套不易拆卸的指示用仪表、盘装仪表(3分)。

3)国家计量行政部门允许一次性确认或实行有效期管理的测量设备(3分)。

31. 解:$Q_{max} = 60 \cdot q \cdot r \cdot a_{max}/t$(5分)

$\qquad\qquad = 60 \times 39 \times 1.15 \times 0.9/23$

$\qquad\qquad = 105.3\ kg/h$(5分)

答:该开炼机的最大生产能力为 105.3 kg/h。

32. 解:$W_{max} = V_{max} \cdot r$(5分)

$\qquad\qquad = K_{max} \cdot D \cdot L \cdot r$

$\qquad\qquad = 0.008\ 5 \times 40 \times 100 \times 1.15$

$\qquad\qquad = 39.1\ kg$(5分)

答:该开炼机的最大装胶容量为 39.1 kg。

33. 答:安全关键件(4分)、关键工序(3分)及特殊过程(3分)的"三检"过程必须进行实名记录。

34. 答:1)返工、返修、退货(4分);

2)让步放行(3分);

3)报废(3分)。

35. 答:挤出成型的特点:

1)操作简单、工艺控制较容易,可连续化、自动化生产,生产效率高,产品质量稳定(2分)。

2)应用范围广。通过挤出机螺杆和机筒的结构变化,可突出塑化、混合、剪切等作用中的一种,与不同的辅机结合,可完成不同工艺过程的综合加工(3分)。

3)可根据产品的不同要求,通过改变机头口型成型出各种断面形状的半成品。也可通过两机(或三机)复合压出不同成分胶料或多色的复合胎面胶(3分)。

4)设备占地面积小、质量轻、机器结构简单、造价低、灵活机动性大(2分)。

橡胶半成品制造工(初级工)技能操作考核框架

一、框架说明

1. 依据《国家职业标准》[注],以及中国中车确定的"岗位个性服从于职业共性"的原则,提出橡胶半成品制造工(初级工)技能操作考核框架(以下简称:技能考核框架)。

2. 本职业等级技能操作考核评分采用百分制,即:满分为 100 分,60 分为及格,低于 60 分为不及格。

3. 实施"技能考核框架"时,考核制件(活动)命题可以选用本企业的加工件(活动项目),也可以结合实际另外组织命题。

4. 实施"技能考核框架"时,考核的时间和场地条件等应依据《国家职业标准》,并结合企业实际确定。

5. 实施"技能考核框架"时,其"职业功能"的分类按以下要求确定:

(1)依据本职业等级《国家职业标准》的要求,技能考核时,应根据申报情况在压延、压出、裁断、钢圈制造、制浆、浸胶与刮浆六个职业功能任选其一进行考评。

(2)"压延操作"、"压出操作"、"裁断操作"、"钢圈成型"、"溶胶、搅拌"、"浸胶与刮浆操作"、"烘焙"属于本职业等级技能操作的核心职业活动,其"项目代码"为"E"。

(3)"工艺准备"、"设备保养与维护"、"工艺计算与记录"属于本职业等级技能操作的辅助性活动,其"项目代码"分别为"D"和"F"。

6. 实施"技能考核框架"时,其"鉴定项目"和"选考数量"按以下要求确定:

(1)按照《国家职业标准》有关技能操作鉴定比重的要求,本职业等级技能操作考核制件的"鉴定项目"应按"D"+"E"+"F"组合,其考核配分比例相应为:"D"占 15 分,"E"占 60 分,"F"占 25 分(其中:设备保养与维护 20 分,工艺计算与记录 5 分)。

(2)依据中国中车确定的"核心职业活动选取 2/3,并向上取整"的规定,在"E"类鉴定项目——"压延操作"、"压出操作"、"裁断操作"、"钢圈成型"、"溶胶、搅拌"、"浸胶与刮浆操作"、"烘焙"中,其已选职业功能所对应的鉴定项目均为必选。

(3)依据中国中车确定的"其余'鉴定项目'的数量可以必选"的规定,"D"和"F"类鉴定项目——"工艺准备"、"设备保养与维护"、"工艺计算与记录"中,至少分别选取 1 项。

(4)依据中国中车确定的"确定'选考数量'时,所涉及'鉴定要素'的数量占比,应不低于对应'鉴定项目'范围内'鉴定要素'总数的 60%,并向上取整"的规定,考核制件的鉴定要素"选考数量"应按以下要求确定:

①在"D"类"鉴定项目"中,在已选定的至少 1 个鉴定项目中,至少选取已选鉴定项目所对应的全部鉴定要素的 60%项,并向上保留整数。

②在"E"类"鉴定项目"中,在已选定的鉴定项目所包含的全部鉴定要素中,至少选取总数的 60%项,并向上保留整数。

③在"F"类"鉴定项目"中,在已选定的至少1个鉴定项目中,至少选取已选鉴定项目所对应的全部鉴定要素的60%项,并向上保留整数。

举例分析:

按照上述"第5条"要求,技能考核时,选取职业功能"压延"进行考评;

按照上述"第6条"要求,若命题时按最少数量选取,即:在"D"类鉴定项目中选取了"压延工艺准备"1项,在"E"类鉴定项目中选取了"压延操作"1项,在"F"类鉴定项目中分别选取了"压延设备保养与维护"和"压延工艺计算与记录"2项,则:

此考核制件所涉及的"鉴定项目"总数为4项,具体包括:"压延工艺准备"、"压延操作"、"压延设备保养与维护"、"压延工艺计算与记录";

此考核制件所涉及的鉴定要素"选考数量"相应为17项,具体包括:"压延工艺准备"鉴定项目包括的全部4个鉴定要素中的3项,"压延操作"鉴定项目包括的全部12个鉴定要素中的8项,"压延设备保养与维护"鉴定项目包括的全部4个鉴定要素中的3项,"压延工艺计算与记录"鉴定项目包括的全部4个鉴定要素中的3项。

7. 本职业等级技能操作需要两人及以上共同作业的,可由鉴定组织机构根据"必要、辅助"的原则,结合实际情况确定协助人员的数量。在整个操作过程中,协助人员只能起必要、简单的辅助作用。否则,每违反一次,至少扣减应考者的技能考核总成绩10分,直至取消其考试资格。

8. 实施"技能考核框架"时,应同时对应考者在质量、安全、工艺纪律、文明生产等方面行为进行考核。对于在技能操作考核过程中出现的违章作业现象,每违反一项(次)至少扣减技能考核总成绩10分,直至取消其考试资格。

注:按照中国中车规定,各《职业技能操作考核框架》的编制依据现行的《国家职业标准》或现行的《行业职业标准》或现行的《中国中车职业标准》的顺序执行。

二、橡胶半成品制造工(初级工)技能操作鉴定要素细目表

职业功能	鉴定项目				鉴定要素		
	项目代码	名称	鉴定比重(%)	选考方式	要素代码	名　　称	重要程度
工艺准备	D	"压延"工艺准备	15	任选	001	识别常用帘布型号	X
					002	能确认生产所需胶、流转卡是否一致	X
					003	能识别并确认帘布接头用胶条、胶浆状态	X
					004	能完成垫布、工装准备工作	Y
		"压出"工艺准备			001	能正确理解胶料流转卡的内容	Y
					002	操作前能做到确认所需胶、流转卡是否一致	X
					003	能按要求选择存放车种类	Y
					004	能完成压出产品存放工装的准备工作	Y
		"裁断"工艺准备			001	能正确理解帘布流转卡的内容	X
					002	能准备好垫布、木轴等附属工装	X
					003	能按要求选择存放车种类	Y
					004	能检查确认设备状态是否完好	Y

续上表

职业功能	鉴定项目				鉴定要素		
	项目代码	名称	鉴定比重(%)	选考方式	要素代码	名　称	重要程度
工艺准备	D	"钢圈制造"工艺准备	15	任选	001	能按工艺要求准备钢丝	X
					002	能检查确认设备状态是否完好	X
					003	能按要求选择并准备好存放车种类	Y
					004	操作前能做到确认所需物、卡是否一致	X
		"制浆"工艺准备			001	能通过外观检查检查上工序产品质量	X
					002	操作前能做到确认所需物、卡是否一致	X
					003	能确认所需物料是否符合工艺要求	X
					004	能检查确认设备状态是否完好	X
		"浸胶与刮浆"工艺准备			001	能确认所需物料是否符合工艺要求	X
					002	能检查确认设备状态是否完好	X
					003	操作前能做到确认所需物、卡是否一致	X
					004	能按要求选择并准备好存放车种类	X
压延	E	压延操作	60	职业功能必选1项，相应鉴定项目必选	001	能正确吊装大卷帘布	X
					002	能正确按工艺要求设定接头硫化机温度	X
					003	能正确使用电动吊葫芦	X
					004	能将大卷帘布正确安装到导开装置上	X
					005	现场随机取一种帘线辨别帘线品种、规格	X
					006	能正确拆解帘布卷	Y
					007	能正确使用帘布接头平板硫化机	X
					008	能完成帘布导开工作	X
					009	能完成帘布接头	X
					010	能按压延设备操作规程	Y
					011	能检查压延设备轴承部位的温度是否正常	X
					012	能正确说明本岗位设备的型号和名称	X
压出		压出操作			001	能完成对挤出机的连续供料	X
					002	能正确安装钢字打印工装	X
					003	能检查冷却水槽状态是否满足生产需求	X
					004	能正确使用胶料裁切设备	X
					005	能根据挤出机进料情况合理控制供胶速度	X
					006	能完成压出产品钢字打印工作	X
					007	能说明产品打印标示的意义	X
					008	能根据工艺要求调整各段冷却水流量	X
					009	能要求测量产品的码放温度	X
					010	能按要求码放产品	Y
					011	能按润滑制度要求进行定期注油	X

续上表

职业功能	鉴定项目			选考方式	鉴定要素		
	项目代码	名称	鉴定比重（%）		要素代码	名　　称	重要程度
压出		压出操作			012	能正确说明本岗位设备的型号和名称	X
裁断		裁断操作			001	能按要求进行设备开车、停车操作	X
					002	能按工艺要求正确进行帘布接头	X
					003	操作前能做到确认所需物、卡是否一致	X
					004	能识别 2 种胶帘布的品种、规格	X
					005	能按先进先出原则正确选取帘布	X
					006	能按工艺要求正确进行帘布卷取	X
					007	检查裁断角度是否符合要求	X
					008	检查接头质量是否符合工艺要求	X
					009	能按要求存放产品	X
					010	能识别裁断设备铭牌	Y
					011	能识别并确认裁刀角度	X
					012	能正确说明本岗位设备的型号和名称	X
					013	能检查裁断设备轴承部位的温度是否正常	X
钢圈制造	E	钢圈成型	60	职业功能必选 1 项，相应鉴定项目必选	001	能按要求进行设备开车、停车操作	X
					002	能根据工艺要求调整钢丝预热温度	X
					003	能确认钢丝、胶料是否符合工艺要求	X
					004	能识别胎圈钢丝的品种、规格	X
					005	能正确理解大卷钢丝铭牌的内容	X
					006	能按先进先出原则正确选取钢丝	X
					007	能正确设定钢丝预热温度	X
					008	能选取正确的钢圈卷成盘	X
					009	能确认钢丝包布是否满足工艺要求	X
					010	能按工艺要求制备三角胶	X
					011	能按要求存放产品	Y
					012	能正确说明本岗位设备的型号和名称	X
					013	能检查本岗位设备轴承部位的温度是否正常	X
制浆		溶浆、搅拌			001	能识别本岗位所用溶剂的品种	X
					002	能按工艺要求正确称量、备料	X
					003	能至少识别本工序所用 2 种原料的品种	X
					004	能选择正确的存放工装	X
					005	能按搅拌工艺要求进行设备搅拌操作	X
					006	能按制浆工艺要求进行切条、切块	Y
					007	能识别制浆所用混炼胶是否符合工艺要求	X
					008	能按先进先出原则正确选取混炼胶	X

职业功能	鉴定项目				鉴定要素		
	项目代码	名称	鉴定比重（%）	选考方式	要素代码	名称	重要程度
制浆		溶浆、搅拌			009	能按要求选择并准备好存放车种类	Y
					010	能正确说明本岗位设备的型号和名称	X
					011	能按润滑制度要求进行定期注油	X
					012	能按要求存放产品	Y
浸胶与刮浆	E	浸胶与刮浆操作	60	职业功能必选1项，相应鉴定项目必选	001	能正确对骨架材料进行浸胶、刮浆操作	X
					002	能识别本工序所用织物、帘线、钢丝的品种	X
					003	能按先进先出原则正确选取骨架材料	X
					004	能通过外观检查产品质量	X
					005	能正确将织物、帘线平整接头	X
					006	能将金属材料进行预处理	X
					007	能根据联动线指令调整牵引速度	X
					008	能根据联动线指令调整胶浆黏度	X
					009	能按润滑制度要求进行定期注油	X
					010	能正确说明本岗位设备的型号和名称	X
		烘焙			001	能按工艺要求对浸胶、刮浆后的骨架材料进行烘焙处理操作	X
					002	能根据胶浆的不同正确选择烘焙工艺进行操作	X
					003	能根据不同原材料调节烘干温度和速度	X
					004	能按工艺要求对骨架材料进行烘干	X
					005	能根据指令调整并匹配烘焙的速度和温度	X
					006	能选择正确的存放工装	Y
					007	能按要求存放产品	Y
设备保养与维护	F	"压延"设备维护与保养	20	任选	001	能对压延设备进行保洁	X
					002	能识别本岗位设备润滑点	Z
					003	能按润滑制度要求进行定期注油	X
					004	能说明所使用的润滑油的使用常识	Y
		"压出"设备维护与保养			001	能对压出设备进行保洁	X
					002	能识别本岗位设备润滑点	Z
					003	能检查压出设备轴承部位的温度是否正常	X
					004	能说明所使用的润滑油的使用常识	X
		"裁断"设备维护与保养			001	能对裁断设备进行保洁	X
					002	能识别本岗位设备润滑点	Z
					003	能说明所使用的润滑油的使用常识	X
					004	能按润滑制度要求进行定期注油	X

续上表

职业功能	鉴定项目				鉴定要素		
	项目代码	名称	鉴定比重（%）	选考方式	要素代码	名 称	重要程度
设备保养与维护		"钢圈制造"设备维护与保养	20	任选	001	能对钢圈成型设备进行保洁	X
					002	能识别本岗位设备润滑点	X
					003	能说明所使用的润滑油的使用常识	Y
					004	能按润滑制度要求进行定期注油	X
		"制浆"设备维护与保养			001	能对制浆设备进行保洁	X
					002	能识别本岗位设备润滑点	X
					003	能检查本岗位设备密封装置是否正常	X
					004	能说明所使用的润滑油的使用常识	Y
		"浸胶与刮浆"设备维护与保养			001	能对浸胶、刮浆设备进行保洁	X
					002	能识别本岗位设备润滑点	Z
					003	能检查本岗位设备状态是否正常	X
					004	能说明所使用的润滑油的使用常识	Y
工艺计算与记录	F	"压延"工艺计算与记录	5	任选	001	能正确填写压延生产记录	Y
					002	能正确填写压延设备点检记录	Y
					003	能识别压延设备铭牌	Y
					004	能正确填写压延设备的运行保养记录	Y
		"压出"工艺计算与记录			001	能正确填写压出生产记录	X
					002	能正确填写压出设备点检记录	X
					003	能识别压出设备铭牌	Y
					004	能正确填写压出设备的运行保养记录	Y
		"裁断"工艺计算与记录			001	能正确填写裁断生产记录	X
					002	能正确填写裁断设备点检记录	X
					003	能正确填写裁断设备的运行保养记录	X
		"钢圈制造"工艺计算与记录			001	能正确填写钢圈成型生产记录	X
					002	能正确填写钢圈成型设备点检记录	X
					003	能识别钢圈成型设备铭牌	Y
					004	能正确填写钢圈成型设备的运行保养记录	X
		"制浆"工艺计算与记录			001	能正确填写制浆生产记录	X
					002	能正确填写制浆设备点检记录	X
					003	能识别制浆设备铭牌	Y
					004	能正确填写制浆设备的运行保养记录	Y
		"浸胶与刮浆"工艺计算与记录			001	能正确填写浸胶、刮浆生产记录	X
					002	能正确填写浸胶、刮浆设备点检记录	Z
					003	能识别浸胶、刮浆设备铭牌	X
					004	能正确填写浸胶、刮浆设备的运行保养记录	X

注：重要程度中 X 表示核心要素，Y 表示一般要素，Z 表示辅助要素。下同。

橡胶半成品制造工(初级工)
技能操作考核样题与分析

职 业 名 称：＿＿＿＿＿＿＿＿＿＿＿＿＿＿

考 核 等 级：＿＿＿＿＿＿＿＿＿＿＿＿＿＿

存 档 编 号：＿＿＿＿＿＿＿＿＿＿＿＿＿＿

考核站名称：＿＿＿＿＿＿＿＿＿＿＿＿＿＿

鉴定责任人：＿＿＿＿＿＿＿＿＿＿＿＿＿＿

命题责任人：＿＿＿＿＿＿＿＿＿＿＿＿＿＿

主管负责人：＿＿＿＿＿＿＿＿＿＿＿＿＿＿

中国中车股份有限公司劳动工资部制

职业技能鉴定技能操作考核制件图示或内容

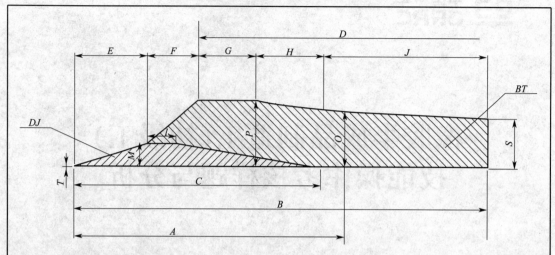

技术要求：

1. 采用双复合压出机生产轮胎胎面半成品；
2. 根据工艺文件要求自行掌握并调整螺杆转速；
3. 根据工艺文件要求自行掌握并调整压出进胶量；
4. 根据工艺文件自行掌握并调整挤出螺杆各段温度；
5. 压出过程中及时根据压出产品宽度和厚度变化调整压出速度；
6. 能及时调整压出连续供胶量、牵引速度、冷却速度、裁断、摆料各段速度并协调一致；
7. 完成压出产品钢字打印工作；
8. 按照要求定长裁断；
9. 压延完成后进行 100％ 外观检测，不得出现的焦烧、偏歪、长短不一等质量问题。

考试规则：

1. 每违反一次工艺纪律、安全操作、劳动保护等扣除 10 分。
2. 有重大安全事故、考试作弊者取消其考试资格。

职业名称	橡胶半成品制造工
考核等级	初级工
试题名称	胎面压出
材质等信息：NR	

职业技能鉴定技能操作考核准备单

职业名称	橡胶半成品制造工
考核等级	初级工
试题名称	胎面压出

一、材料准备

材料规格

(1)符合相应产品施工工艺要求的天然橡胶混炼胶。

(2)符合相应产品施工工艺要求压出口型板。

(3)相应数量的空垫布车或百叶车。

注意:热炼供胶、裁断,下料摆放,需由参赛者自行组织班组相应人员予以配合。

二、设备、工、量、卡具准备清单

序号	名称	规格	数量	备注
1	双复合压出联动线(含热炼)		1	
2	温度计	0~150 ℃	1	
3	游标卡尺	0~150 mm	1	
4	卷尺	3 m	1	
5	蜡笔	白色、红色	1	
6	割胶刀		1	

三、考场准备

1. 相应的公用设备、设备与器具的润滑与冷却等:

①开炼机、热炼供胶机、金属探测器等;

②工作台;

③炼胶刀、运输液压车。

2. 相应的场地及安全防范措施:

①防护劳保鞋(可自带);

②防护手套(可自带)。

3. 其他准备。

四、考核内容及要求

1. 考核内容(按考核制件图示及要求制作)

2. 考核时限:60 min

3. 考核评分(表)

职业名称	橡胶半成品制造工		考核等级		初级工
试题名称	胎面压出		考核时限		60 min
鉴定项目	鉴定要素	配分	评分标准	扣分说明	得分
工艺准备	找出流转卡上胶料代号	3	不正确一个扣1分		
	找出有效期	2	不正确一个扣1分		
	找出胶料上胶料代号	3	不正确一个扣1分		
	判断是否能用	2	不正确一个扣1分		
	按工艺要求选择合适存放车	3	不正确一个扣1分		
	确认是否有杂物	2	不正确一个扣1分		
压出操作	炼胶机上合理的炼胶容量	5	不正确一个扣2分		
	设定合适的割胶刀距	3	不正确一个扣1分		
	按工艺要求选择正确钢字头	5	不正确一个扣2分		
	正确安装并固定	3	不正确一个扣1分		
	加载并打印标识	5	不正确一个扣2分		
	测定温度及水位	5	不正确一个扣2分		
	调整各段水流量	5	不正确一个扣2分		
	设定长度并检验	5	不正确一个扣2分		
	观察进料口堆积胶情况	5	不正确一个扣2分		
	调整双刀间距	3	不正确一个扣2分		
	存放车摆放符合要求	5	不正确一个扣2分		
	每层摆放符合要求	5	不正确一个扣2分		
	说明钢字意义	3	不正确一个扣1分		
	测量中间温度	3	不正确一个扣1分		
设备的保养与维护	生产结束后是否打扫卫生	4	不正确一个扣1分		
	口型是否清理余胶	4	不正确一个扣1分		
	识别润滑点	4	不正确一个扣1分		
	正确注油润滑	4	不正确一个扣1分		
	检查判断	4	不正确一个扣1分		
工艺计算与记录	准确检查设备状态	1	不正确一个扣1分		
	按照工艺要求进行记录	1	不正确一个扣1分		
	按照设备点检要求进行点检	2	不正确一个扣1分		
	按照设备点检要求检查设备保养状态	1	不正确一个扣1分		
质量、安全、工艺纪律、文明生产等综合考核项目	考核时限	不限	每超过规定时间10 min扣5分		
	工艺纪律	不限	依据企业有关工艺纪律管理规定执行,每违反一次扣10分		
	劳动保护	不限	依据企业有关劳动保护管理规定执行,每违反一次扣10分		
	文明生产	不限	依据企业有关文明生产管理规定执行,每违反一次扣10分		
	安全生产	不限	依据企业有关安全生产管理规定执行,每违反一次扣10分,有重大安全事故,取消成绩		

职业技能鉴定技能考核制件(内容)分析

职业名称	橡胶半成品制造工
考核等级	初级工
试题名称	胎面压出
职业标准依据	国家职业标准(橡胶半成品制造工)

试题中鉴定项目及鉴定要素的分析与确定

鉴定项目分类 分析事项	基本技能"D"	专业技能"E"	相关技能"F"	合计	数量与占比说明
鉴定项目总数	1	1	2	4	核心技能"E"鉴定项目选取应满足占比高于2/3的要求
选取的鉴定项目数量	1	1	2	4	
选取的鉴定项目数量占比(%)	100	100	100	100	
对应选取鉴定项目所包含的鉴定要素总数	4	12	8	24	鉴定要素数量占比大于60%
选取的鉴定要素数量	3	8	6	17	
选取的鉴定要素数量占比(%)	75	66	75	70	

所选取鉴定项目及相应鉴定要素分解与说明

鉴定项目类别	鉴定项目名称	国家职业标准规定比重(%)	《框架》中鉴定要素名称	本命题中具体鉴定要素分解	配分	评分标准	考核难点说明
"D"	工艺准备	15	能正确理解胶料流转卡的内容	找出流转卡上胶料代号	3	不正确一个扣1分	读懂流转卡
				找出有效期	2	不正确一个扣1分	
			操作前能做到确认所需胶、流转卡是否一致	找出胶料上胶料代号	3	不正确一个扣1分	遵守工艺
				判断是否能用	2	不正确一个扣1分	自检
			能按要求选择存放车种类	按工艺要求选择合适存放车	3	不正确一个扣1分	遵守工艺
				确认是否有杂物	2	不正确一个扣1分	自检
"E"	压出操作	60	能完成对挤出机的连续供料	炼胶机上合理的炼胶容量	5	不正确一个扣2分	操作工具
				设定合适的割胶刀距	3	不正确一个扣1分	正确读数
			能正确安装钢字打印工装	按工艺要求选择正确的钢字头	5	不正确一个扣2分	正确选择
				正确安装并固定	3	不正确一个扣1分	操作工具
				加载并打印标识	5	不正确一个扣2分	准确操作
			能检查冷却水槽状态是否满足生产需求	测定温度及水位	5	不正确一个扣2分	
				调整各段水流量	5	不正确一个扣2分	
			能正确使用胶料裁切设备	设定长度并检验	5	不正确一个扣2分	设备操作
			能根据挤出机进料情况合理控制供胶速度	观察进料口堆积胶情况	5	不正确一个扣2分	
				调整双刀间距	3	不正确一个扣2分	

鉴定项目类别	鉴定项目名称	国家职业标准规定比重(%)	《框架》中鉴定要素名称	本命题中具体鉴定要素分解	配分	评分标准	考核难点说明
"E"	压出操作	60	能按要求码放产品	存放车摆放符合要求	5	不正确一个扣2分	准确操作
				每层摆放符合要求	5	不正确一个扣2分	
			能说明产品打印标示的意义	说明钢字意义	3	不正确一个扣1分	自检
			按要求测量产品的码放温度	测量中间温度	3	不正确一个扣1分	
"F"	设备的保养与维护	25	能对压出设备进行保洁	生产结束后是否打扫卫生	4	不正确一个扣1分	保养项点
				口型是否清理余胶	4	不正确一个扣1分	
			能识别本岗位设备润滑点	识别润滑点	4	不正确一个扣1分	
				正确注油润滑	4	不正确一个扣1分	
			能检查压出设备轴承部位的温度是否正常	检查判断	4	不正确一个扣1分	
	工艺计算与记录		能正确填写压出生产记录	准确检查设备状态	1	不正确一个扣1分	记录
				按照工艺要求进行记录	1	不正确一个扣1分	
			正确填写压出设备点检记录	按照设备点检要求进行点检	2	不正确一个扣1分	定期点检
			正确填写压出设备的运行保养记录	按照设备点检要求检查设备保养状态	1	不正确一个扣1分	准确记录
质量、安全、工艺纪律、文明生产等综合考核项目				考核时限	不限	每超过规定时间10 min扣5分	
				工艺纪律	不限	依据企业有关工艺纪律管理规定执行,每违反一次扣10分	
				劳动保护	不限	依据企业有关劳动保护管理规定执行,每违反一次扣10分	
				文明生产	不限	依据企业有关文明生产管理规定执行,每违反一次扣10分	
				安全生产	不限	依据企业有关安全生产管理规定执行,每违反一次扣10分,有重大安全事故,取消成绩	

橡胶半成品制造工(中级工)技能操作考核框架

一、框架说明

1. 依据《国家职业标准》[注],以及中国中车确定的"岗位个性服从于职业共性"的原则,提出橡胶半成品制造工(中级工)技能操作考核框架(以下简称:技能考核框架)。

2. 本职业等级技能操作考核评分采用百分制,即:满分为 100 分,60 分为及格,低于 60 分为不及格。

3. 实施"技能考核框架"时,考核制件(活动)命题可以选用本企业的加工件(活动项目),也可以结合实际另外组织命题。

4. 实施"技能考核框架"时,考核的时间和场地条件等应依据《国家职业标准》,并结合企业实际确定。

5. 实施"技能考核框架"时,其"职业功能"的分类按以下要求确定:

(1)依据本职业等级《国家职业标准》的要求,技能考核时,应根据申报情况在压延、压出、裁断、钢圈制造、制浆、浸胶与刮浆六个职业功能任选其一进行考评。

(2)"压延操作"、"压出操作"、"裁断操作"、"钢圈成型"、"溶胶、搅拌"、"浸胶与刮浆操作"、"烘焙"属于本职业等级技能操作的核心职业活动,其"项目代码"为"E"。

(3)"工艺准备"、"设备保养与维护"、"工艺计算与记录"属于本职业等级技能操作的辅助性活动,其"项目代码"分别为"D"和"F"。

6. 实施"技能考核框架"时,其"鉴定项目"和"选考数量"按以下要求确定:

(1)按照《国家职业标准》有关技能操作鉴定比重的要求,本职业等级技能操作考核制件的"鉴定项目"应按"D"+"E"+"F"组合,其考核配分比例相应为:"D"占 15 分,"E"占 60 分,"F"占 25 分(其中:设备保养与维护 20 分,工艺计算与记录 5 分)。

(2)依据中国中车确定的"核心职业活动选取 2/3,并向上取整"的规定,在"E"类鉴定项目——"压延操作"、"压出操作"、"裁断操作"、"钢圈成型"、"溶胶、搅拌"、"浸胶与刮浆操作"、"烘焙"中,其已选职业功能所对应的鉴定项目均为必选。

(3)依据中国中车确定的"其余'鉴定项目'的数量可以必选"的规定,"D"和"F"类鉴定项目——"工艺准备"、"设备保养与维护"、"工艺计算与记录"中,至少分别选取 1 项。

(4)依据中国中车确定的"确定'选考数量'时,所涉及'鉴定要素'的数量占比,应不低于对应'鉴定项目'范围内'鉴定要素'总数的 60%,并向上取整"的规定,考核制件的鉴定要素"选考数量"应按以下要求确定:

①在"D"类"鉴定项目"中,在已选定的至少 1 个鉴定项目中,至少选取已选鉴定项目所对应的全部鉴定要素的 60%项,并向上保留整数。

②在"E"类"鉴定项目"中,在已选定的鉴定项目所包含的全部鉴定要素中,至少选取总数的 60%项,并向上保留整数。

③在"F"类"鉴定项目"中,在已选定的至少1个鉴定项目中,至少选取已选鉴定项目所对应的全部鉴定要素的60%项,并向上保留整数。

举例分析:

按照上述"第5条"要求,技能考核时,选取职业功能"压延"进行考评;

按照上述"第6条"要求,若命题时按最少数量选取,即:在"D"类鉴定项目中选取了"压延工艺准备"1项,在"E"类鉴定项目中选取了"压延操作"1项,在"F"类鉴定项目中分别选取了"压延设备保养与维护"和"压延工艺计算与记录"2项,则:

此考核制件所涉及的"鉴定项目"总数为4项,具体包括:"压延工艺准备"、"压延操作"、"压延设备保养与维护"、"压延工艺计算与记录";

此考核制件所涉及的鉴定要素"选考数量"相应为15项,具体包括:"压延工艺准备"鉴定项目包括的全部4个鉴定要素中的3项,"压延操作"鉴定项目包括的全部9个鉴定要素中的6项,"压延设备保养与维护"鉴定项目包括的全部4个鉴定要素中的3项,"压延工艺计算与记录"鉴定项目包括的全部4个鉴定要素中的3项。

7. 本职业等级技能操作需要两人及以上共同作业的,可由鉴定组织机构根据"必要、辅助"的原则,结合实际情况确定协助人员的数量。在整个操作过程中,协助人员只能起必要、简单的辅助作用。否则,每违反一次,至少扣减应考者的技能考核总成绩10分,直至取消其考试资格。

8. 实施"技能考核框架"时,应同时对应考者在质量、安全、工艺纪律、文明生产等方面行为进行考核。对于在技能操作考核过程中出现的违章作业现象,每违反一项(次)至少扣减技能考核总成绩10分,直至取消其考试资格。

注:按照中国中车规定,各《职业技能操作考核框架》的编制依据现行的《国家职业标准》或现行的《行业职业标准》或现行的《中国中车职业标准》的顺序执行。

二、橡胶半成品制造工(中级工)技能操作鉴定要素细目表

职业功能	鉴定项目				鉴定要素		
	项目代码	名称	鉴定比重(%)	选考方式	要素代码	名 称	重要程度
工艺准备	D	"压延"工艺准备	10	任选	001	能准确判断帘布的外观质量	X
					002	现场随机取一种帘布辨别帘线品种、规格	X
					003	能识读压延工艺流程图,复述前后工段内容	Y
					004	能正确按工艺要求设定压延辊筒温度	X
		"压出"工艺准备			001	检查裁断长度是否符合要求	X
					002	能确认色标胶浆与产品的对应关系	X
					003	操作前能做到确认所需胶、流转卡是否一致	X
					004	能确认钢印字头是否符合压出产品的要求	Y
		"裁断"工艺准备			001	能判断帘布的外观质量是否符合工艺要求	X
					002	能正确调整裁刀角度	X
					003	能检查确认设备状态是否完好	X
					004	操作前能做到确认所需物、卡是否一致	X

续上表

职业功能	鉴定项目				鉴定要素		
	项目代码	名称	鉴定比重(%)	选考方式	要素代码	名称	重要程度
工艺准备	D	"钢圈制造"工艺准备	10	任选	001	能正确进行挤出机的预热	X
					002	能按工艺要求准备钢丝	X
					003	操作前能做到确认所需物、卡是否一致	X
					004	能检查确认设备状态是否完好	X
		"制浆"工艺准备			001	能根据溶剂的特点对不同溶剂进行称量	X
					002	能识别制浆所用混炼胶是否符合工艺要求	X
					003	能检查确认设备状态是否完好	X
					004	操作前能做到确认所需物、卡是否一致	X
		"浸胶与刮浆"工艺准备			001	能检验不同织物的幅宽、密度等性能	X
					002	能检验不同骨架材料的外观质量	X
					003	操作前能做到确认所需物、卡是否一致	X
					004	能检查确认设备状态是否完好	X
压延	E	压延操作	65	职业功能必选1项,相应鉴定项目必选	001	能操作平板硫化机完成帘布接头	X
					002	对于露白、掉皮能正确处理	X
					003	能准确按工艺要求设定辊温、张力参数	X
					004	能完成压延机及辅机的温度设定	X
					005	能完成压延机张力的设定	X
					006	能完成压延辊筒辊距的设定	X
					007	压延时能发现劈缝、出兜、露白等质量问题	X
					008	能发现压延过程原线破损等质量问题	X
					009	能按压延设备操作规程操作	X
压出		压出操作			001	能完成挤出机的开车、停车操作	X
					002	能根据挤出机进料情况合理控制挤出速度	X
					003	能根据工艺要求正确设定挤出机各段的温度	X
					004	能根据工艺要求准确设定裁断长度	X
					005	能正确清理机头余胶	X
					006	能正确安装挤出口型板	X
					007	能完成压出产品的机外复合操作	X
					008	能正确测量压出过程挤出口型处产品的温度	X
					009	能根据测量的温度调整各段冷却水流量	X
					010	能正确测量压出产品的形状及尺寸	X
					011	能辨别压出中的破边、破裂、焦烧等质量问题	X
裁断		裁断操作			001	能根据工艺要求调整裁断的宽度和角度	X
					002	能检查裁断角度是否符合要求	X
					003	能处理裁断过程常见的质量问题	X

续上表

职业功能	鉴定项目				鉴定要素		
	项目代码	名称	鉴定比重（%）	选考方式	要素代码	名　称	重要程度
裁断		裁断操作			004	能准确设定裁断的宽度和角度	X
					005	能处理接头过程中常见的质量问题	X
					006	检查接头质量是否符合工艺要求	X
					007	能对修理后的裁断设备进行试车生产	X
钢圈制造		钢圈成型			001	能进行本岗位钢丝圈缠绕成型的操作	X
					002	能进行本岗位钢圈成型操作	X
					003	能根据工艺要求准确选择缠绕盘	X
					004	能根据工艺要求设定钢丝的排列尺寸	X
					005	能正确设定钢丝预热温度	X
					006	能根据工艺要求正确更换挤出口型板	X
					007	能正确更换钢丝盘头	X
					008	能正确进行钢丝接头操作	X
					009	能正确进行钢丝挤出操作	X
					010	能对修理后的钢圈成型设备进行试车生产	X
					011	能根据工艺要求调整钢丝预热温度	X
制浆	E	溶浆、搅拌	65	职业功能必选1项，相应鉴定项目必选	001	能根据胶油比的技术调整要求，准确计算溶剂的增减量	X
					002	能根据胶油比的技术调整要求，准确调整实施	X
					003	能根据不同胶浆特点，对胶料进行切条处理	X
					004	能及时发现制浆过程出现的分层、沉淀、凝胶、结块、自流、稀稠不一等常见质量问题	X
					005	能准确确定每批胶料的投料量，准确备料	X
					006	能按工艺要求准确计算胶油比例	X
					007	能根据胶浆外观准确判断产品质量	X
					008	能分析制浆过程中常见质量问题原因	Y
					009	能发现识别制浆设备传动部分异常现象	X
					010	能对修理后的制浆设备进行试车生产	X
					011	能说明制浆操作要点	Y
浸胶与刮浆		浸胶与刮浆操作			001	能根据浸胶产品质量及时调整浸胶工艺参数	X
					002	能根据刮浆产品质量及时调整刮浆工艺参数	X
					003	能根据不同织物的特点及时调整接头方式	X
					004	能根据不同原材料调节烘干温度和速度	X
					005	能正确将织物、帘线平整接头	X
					006	能准确判断本岗位生产的异常现象	X
					007	能正确分析异常现象的产生原因	X
					008	能正确采取措施处理异常现象	X

职业功能	鉴定项目				鉴定要素		
	项目代码	名称	鉴定比重(%)	选考方式	要素代码	名　称	重要程度
浸胶与刮浆	E	浸胶与刮浆操作	65	职业功能必选1项,相应鉴定项目必选	009	能根据本岗位工艺要求调整相关岗位操作	X
					010	能说明浸胶生产原理	Y
					011	能说明根据生产原理	Y
		烘焙			001	能根据产品质量分析结果调整温度、速度参数	X
					002	能正确判断本岗位生产异常现象	X
					003	能发现分析异常现象原因	X
					004	能根据原因分析采取正确的措施	X
设备保养与维护	F	"压延"设备维护与保养	20	任选	001	能对压延设备进行常规保养	X
					002	能发现并识别压延设备传动部分的异常现象	X
					003	能对维修后的压延设备进行试车生产	X
					004	基本掌握压延主机及辅机的组成	X
		"压出"设备维护与保养			001	能对压出设备进行常规保养	X
					002	能发现识别压出设备传动部分的异常现象	X
					003	能对修理后的压出设备进行试车生产	X
					004	能说明压出主机的组成部件	X
		"裁断"设备维护与保养			001	能对裁断设备进行常规保养	X
					002	能发现并识别裁断设备传动部分的异常现象	X
					003	能说明裁断主机的组成部件	X
					004	能说明裁断传动部分的工作要求	X
		"钢圈制造"设备维护与保养			001	能对钢圈成型设备进行常规保养	X
					002	能发现识别钢圈成型设备传动部分异常现象	X
					003	能说明钢圈成型主机的组成部件	X
					004	能说明钢圈成型传动部分的工作要求	X
		"制浆"设备维护与保养			001	能对制浆设备进行常规保养	X
					002	能说明制浆设备的组成部件	X
					003	能说明制浆设备传动部分的工作要求	X
					004	能判断本岗位设备密封装置是否正常	X
		"浸胶与刮浆"设备维护与保养			001	能对浸胶、刮浆设备进行常规保养	X
					002	能发现识别浸胶、刮浆设备传动部分异常现象	X
					003	能对修理后的浸胶、刮浆备进行试车生产	X
					004	能说明浸胶、刮浆设备的组成部件	X
					005	能说明浸胶、刮浆设备传动部分的工作要求	X
					006	能检查本岗位设备状态是否正常	X
工艺计算与记录		"压延"工艺计算与记录	5	任选	001	能计算班组的产量和产品的合格率	X
					002	能填写压延技术、质量分析报表	X

职业功能	鉴定项目				鉴定要素		
	项目代码	名称	鉴定比重（%）	选考方式	要素代码	名　称	重要程度
工艺计算与记录	F	"压延"工艺计算与记录	5	任选	003	能正确填写压延生产记录	X
					004	能正确填写压延班组交接班记录	Y
		"压出"工艺计算与记录			001	能计算压出班组的产量及合格率	X
					002	能正确填写压出生产记录	X
					003	能正确填写压出技术、质量分析报表	X
					004	能正确填写压出交接班记录	X
		"裁断"工艺计算与记录			001	能计算裁断班组的产量和合格率	X
					002	能正确填写裁断班组生产记录	X
					003	能正确填写裁断技术、质量分析报表	X
					004	能正确填写裁断交接班记录	Y
		"钢圈制造"工艺计算与记录			001	能计算钢圈成型班组的产量和合格率	X
					002	能正确填写钢圈成型班组生产记录	X
					003	能正确填写钢圈成型技术、质量分析报表	Y
					004	能正确填写钢圈成型交接班记录	Y
		"制浆"工艺计算与记录			001	能计算制浆班组的产量和合格率	X
					002	能正确填写制浆班组生产记录	X
					003	能正确填写制浆技术、质量分析报表	X
					004	能正确填写制浆交接班记录	Y
		"浸胶与刮浆"工艺计算与记录			001	能计算制浸胶、刮浆班组的产量和合格率	X
					002	能正确填写浸胶、刮浆班组生产记录	X
					003	能估算各种骨架材料的用量及单耗	X
					004	能估算胶浆的用量及单耗	X
					005	能正确填写浸胶、刮浆技术、质量分析报表	Y
					006	能正确填写浸胶、刮浆交接班记录	Y
					007	能正确填写浸胶、刮浆生产记录	Y

橡胶半成品制造工(中级工)
技能操作考核样题与分析

职业名称:＿＿＿＿＿＿＿＿＿＿＿

考核等级:＿＿＿＿＿＿＿＿＿＿＿

存档编号:＿＿＿＿＿＿＿＿＿＿＿

考核站名称:＿＿＿＿＿＿＿＿＿＿＿

鉴定责任人:＿＿＿＿＿＿＿＿＿＿＿

命题责任人:＿＿＿＿＿＿＿＿＿＿＿

主管负责人:＿＿＿＿＿＿＿＿＿＿＿

中国中车股份有限公司劳动工资部制

职业技能鉴定技能操作考核制件图示或内容

技术要求：

  1. 采用立式或卧式裁断设备进行 1870 dtex/2 V1 帘布裁断工作；

  2. 根据工艺文件自行掌握并调整裁断角度；

  3. 根据工艺文件自行掌握并调整长度；

  4. 按照工艺文件检查裁断好的帘布是否符合要求；

  5. 裁断过程中根据工艺检查文件要求及时剔除不合格帘布；

  6. 按照工艺文件要求正确拼接符合要求的小幅宽帘布；

  7. 能及时调整裁断前导开、储布、裁断、后卷曲各段速度并协调一致；

  8. 裁断完成后进行 100% 外观检测，不得出现的劈缝、掉皮、罗线、露白等质量问题。

考试规则：

  1. 每违反一次工艺纪律、安全操作、劳动保护等扣除 10 分。

  2. 有重大安全事故、考试作弊者取消其考试资格。

职业名称	橡胶半成品制造工
考核等级	中级工
试题名称	1870 dtex/2 V1 帘布裁断
材质等信息：1870 dtex/2 V1 /NR	

职业技能鉴定技能操作考核准备单

职业名称	橡胶半成品制造工
考核等级	中级工
试题名称	1870 dtex/2 V1 帘布裁断

一、材料准备

材料规格

(1)1870 dtex/2 V1 帘布一卷;

(2)符合相应工艺要求的相应数量的空垫布卷。

注意:帘布卷导开、裁断、垫布卷整理,需由参赛者自行组织班组相应人员予以配合。

二、设备、工、量、卡具准备清单

序 号	名　　称	规　　格	数　量	备　注
1	立式或卧式帘布裁断机		1	
2	角度尺		1	
3	钢板尺		2	
4	卷尺	3 m	1	
5	蜡笔	白色、红色	1	

三、考场准备

1. 相应的公用设备、设备与器具的润滑与冷却等:

①立式或卧式帘布裁断机,垫布整理机等;

②工作台。

2. 相应的场地及安全防范措施:

①防护劳保鞋(可自带);

②防护手套(可自带)。

3. 其他准备。

四、考核内容及要求

1. 考核内容(按考核制件图示及要求制作)

2. 考核时限:30 min

3. 考核评分(表)

职业名称	橡胶半成品制造工			考核等级	中级工	
试题名称	1870 dtex/2 V1 帘布裁断			考核时限	30 min	
鉴定项目	鉴定要素	配分	评分标准		扣分说明	得分
工艺准备	检查帘布覆胶是否合格	2	不正确一个扣1分			
	检查帘线是否有罗线搭线情况	2	不正确一个扣1分			
	导开帘布卷并正确递布	2	不正确一个扣1分			
	调整好角度并裁断、检验	2	不正确一个扣1分			
	检查导开装置是否完好	1	不正确一个扣1分			
	检查卷曲装置是否完好	1	不正确一个扣1分			
裁断操作	调整裁刀角度	10	不正确一个扣2分			
	调整定长	10	不正确一个扣2分			
	按工艺要求抽取帘布	5	不正确一个扣2分			
	检查帘布角度	5	不正确一个扣1分			
	接头是否满足公差要求	10	不正确一个扣2分			
	露白帘布处理	5	不正确一个扣2分			
	掉皮帘布处理	5	不正确一个扣2分			
	小幅宽帘布处理	5	不正确一个扣2分			
	检查帘布角度是否满足公差要求	5	不正确一个扣2分			
	检查帘布宽度是否满足公差要求	5	不正确一个扣2分			
设备的保养与维护	长期保养要求	4	不正确一个扣1分			
	短期保养要求	4	不正确一个扣1分			
	识别主传动电机的异常现象	4	不正确一个扣1分			
	识别裁刀的异常现象	4	不正确一个扣1分			
	至少提出两项主机的组成部件	4	不正确一个扣1分			
工艺计算与记录	计算裁断班组的产量	2	不正确一个扣1分			
	计算裁断班组的合格率	1	不正确一个扣1分			
	正确填写生产记录	1	不正确一个扣1分			
	正确填写交接班记录	1	不正确一个扣1分			
质量、安全、工艺纪律、文明生产等综合考核项目	考核时限	不限	每超过规定时间10 min扣5分			
	工艺纪律	不限	依据企业有关工艺纪律管理规定执行，每违反一次扣10分			
	劳动保护	不限	依据企业有关劳动保护管理规定执行，每违反一次扣10分			
	文明生产	不限	依据企业有关文明生产管理规定执行，每违反一次扣10分			
	安全生产	不限	依据企业有关安全生产管理规定执行，每违反一次扣10分，有重大安全事故,取消成绩			

职业技能鉴定技能考核制件(内容)分析

职业名称	橡胶半成品制造工
考核等级	中级工
试题名称	1870 dtex/2 V1 帘布裁断
职业标准依据	国家职业标准(橡胶半成品制造工)

试题中鉴定项目及鉴定要素的分析与确定

分析事项 \ 鉴定项目分类	基本技能"D"	专业技能"E"	相关技能"F"	合计	数量与占比说明
鉴定项目总数	1	1	2	4	核心技能"E"鉴定项目选取应满足占比高于2/3的要求
选取的鉴定项目数量	1	1	2	4	
选取的鉴定项目数量占比(%)	100	100	100	100	
对应选取鉴定项目所包含的鉴定要素总数	4	7	8	19	鉴定要素数量占比大于60%
选取的鉴定要素数量	3	5	6	14	
选取的鉴定要素数量占比(%)	75	71	75	74	

所选取鉴定项目及相应鉴定要素分解与说明

鉴定项目类别	鉴定项目名称	国家职业标准规定比重(%)	《框架》中鉴定要素名称	本命题中具体鉴定要素分解	配分	评分标准	考核难点说明
"D"	工艺准备	10	能判断帘布的外观质量是否符合工艺要求	检查帘布覆胶是否合格	2	不正确一个扣1分	目视检查
				检查帘线是否有罗线搭线情况	2	不正确一个扣1分	
			能正确调整裁刀角度	导开帘布卷并正确递布	2	不正确一个扣1分	正确操作
				调整好角度并裁断、检验	2	不正确一个扣1分	
			能检查确认设备状态是否完好	检查导开装置是否完好	1	不正确一个扣1分	产品质量控制
				检查卷曲装置是否完好	1	不正确一个扣1分	
"E"	裁断操作	65	能根据工艺要求调整裁断的宽度和角度	调整裁刀角度	10	不正确一个扣2分	正确操作工具
				调整定长	10	不正确一个扣2分	
			检查裁断角度是否符合要求	按工艺要求抽取帘布	5	不正确一个扣2分	正确操作
				检查帘布角度	5	不正确一个扣1分	
			能处理接头常见质量问题	接头是否满足公差要求	10	不正确一个扣2分	操作设备
			能处理裁断过程常见的质量问题	露白帘布处理	5	不正确一个扣2分	质量控制
				掉皮帘布处理	5	不正确一个扣2分	
				小幅宽帘布处理	5	不正确一个扣2分	
			能准确设定裁断的宽度和角度	检查帘布角度是否满足公差要求	5	不正确一个扣2分	设备操作
				检查帘布宽度是否满足公差要求	5	不正确一个扣2分	

鉴定项目类别	鉴定项目名称	国家职业标准规定比重(%)	《框架》中鉴定要素名称	本命题中具体鉴定要素分解	配分	评分标准	考核难点说明
"F"	设备的保养与维护	20	能对裁断设备进行常规保养	长期保养要求	4	不正确一个扣1分	保养项点
				短期保养要求	4	不正确一个扣1分	
			能发现并识别裁断设备传动部分的异常现象	识别主传动电机的异常现象	4	不正确一个扣1分	
				识别裁刀的异常现象	4	不正确一个扣1分	
			能说明裁断主机的组成部件	至少提出两项主机的组成部件	4	不正确一个扣1分	
	工艺计算与记录	5	能计算裁断班组的产量和合格率	计算裁断班组的产量	2	不正确一个扣1分	分析解决能力
				计算裁断班组的合格率	1	不正确一个扣1分	
			能正确填写裁断班组生产记录	正确填写生产记录	1	不正确一个扣1分	
			能正确填写裁断交接班记录	正确填写交接班记录	1	不正确一个扣1分	
质量、安全、工艺纪律、文明生产等综合考核项目				考核时限	不限	每超过规定时间10 min扣5分	
				工艺纪律	不限	依据企业有关工艺纪律管理规定执行,每违反一次扣10分	
				劳动保护	不限	依据企业有关劳动保护管理规定执行,每违反一次扣10分	
				文明生产	不限	依据企业有关文明生产管理规定执行,每违反一次扣10分	
				安全生产	不限	依据企业有关安全生产管理规定执行,每违反一次扣10分,有重大安全事故,取消成绩	

橡胶半成品制造工(高级工)技能操作考核框架

一、框架说明

1. 依据《国家职业标准》[注],以及中国中车确定的"岗位个性服从于职业共性"的原则,提出橡胶半成品制造工(高级工)技能操作考核框架(以下简称:技能考核框架)。

2. 本职业等级技能操作考核评分采用百分制,即:满分为 100 分,60 分为及格,低于 60 分为不及格。

3. 实施"技能考核框架"时,考核制件(活动)命题可以选用本企业的加工件(活动项目),也可以结合实际另外组织命题。

4. 实施"技能考核框架"时,考核的时间和场地条件等应依据《国家职业标准》,并结合企业实际确定。

5. 实施"技能考核框架"时,其"职业功能"的分类按以下要求确定:

(1)依据本职业等级《国家职业标准》的要求,技能考核时,应根据申报情况在压延、压出、裁断、钢圈制造、制浆、浸胶与刮浆六个职业功能任选其一进行考评。

(2)"压延操作"、"压出操作"、"裁断操作"、"钢圈成型"、"溶胶、搅拌"、"浸胶与刮浆操作"属于本职业等级技能操作的核心职业活动,其"项目代码"为"E"。

(3)"工艺准备"、"设备保养与维护"、"工艺计算与记录"属于本职业等级技能操作的辅助性活动,其"项目代码"分别为"D"和"F"。

6. 实施"技能考核框架"时,其"鉴定项目"和"选考数量"按以下要求确定:

(1)按照《国家职业标准》有关技能操作鉴定比重的要求,本职业等级技能操作考核制件的"鉴定项目"应按"D"+"E"+"F"组合,其考核配分比例相应为:"D"占 10 分,"E"占 60 分,"F"占 30 分(其中:设备保养与维护 20 分,工艺计算与记录 10 分)。

(2)依据中国中车确定的"核心职业活动选取 2/3,并向上取整"的规定,在"E"类鉴定项目——"压延操作"、"压出操作"、"裁断操作"、"钢圈成型"、"溶胶、搅拌"、"浸胶与刮浆操作"中,其已选职业功能所对应的鉴定项目均为必选。

(3)依据中国中车确定的"其余'鉴定项目'的数量可以必选"的规定,"D"和"F"类鉴定项目——"工艺准备"、"设备保养与维护"、"工艺计算与记录"中,至少分别选取 1 项。

(4)依据中国中车确定的"确定'选考数量'时,所涉及'鉴定要素'的数量占比,应不低于对应'鉴定项目'范围内'鉴定要素'总数的 60%,并向上取整"的规定,考核制件的鉴定要素"选考数量"应按以下要求确定:

①在"D"类"鉴定项目"中,在已选定的至少 1 个鉴定项目中,至少选取已选鉴定项目所对应的全部鉴定要素的 60%项,并向上保留整数。

②在"E"类"鉴定项目"中,在已选定的鉴定项目所包含的全部鉴定要素中,至少选取总数的 60%项,并向上保留整数。

③在"F"类"鉴定项目"中,在已选定的至少1个鉴定项目中,至少选取已选鉴定项目所对应的全部鉴定要素的60%项,并向上保留整数。

举例分析:

按照上述"第5条"要求,技能考核时,选取职业功能"压延"进行考评;

按照上述"第6条"要求,若命题时按最少数量选取,即:在"D"类鉴定项目中选取了"压延工艺准备"1项,在"E"类鉴定项目中选取了"压延操作"1项,在"F"类鉴定项目中分别选取了"压延设备保养与维护"和"压延工艺计算与记录"2项,则:

此考核制件所涉及的"鉴定项目"总数为4项,具体包括:"压延工艺准备"、"压延操作"、"压延设备保养与维护"、"压延工艺计算与记录";

此考核制件所涉及的鉴定要素"选考数量"相应为17项,具体包括:"压延工艺准备"鉴定项目包括的全部4个鉴定要素中的3项,"压延操作"鉴定项目包括的全部13个鉴定要素中的8项,"设备保养与维护"鉴定项目包括的全部4个鉴定要素中的3项,"工艺计算与记录"鉴定项目包括的全部4个鉴定要素中的3项。

7. 本职业等级技能操作需要两人及以上共同作业的,可由鉴定组织机构根据"必要、辅助"的原则,结合实际情况确定协助人员的数量。在整个操作过程中,协助人员只能起必要、简单的辅助作用。否则,每违反一次,至少扣减应考者的技能考核总成绩10分,直至取消其考试资格。

8. 实施"技能考核框架"时,应同时对应考者在质量、安全、工艺纪律、文明生产等方面行为进行考核。对于在技能操作考核过程中出现的违章作业现象,每违反一项(次)至少扣减技能考核总成绩10分,直至取消其考试资格。

注:按照中国中车规定,各《职业技能操作考核框架》的编制依据现行的《国家职业标准》或现行的《行业职业标准》或现行的《中国中车职业标准》的顺序执行。

二、橡胶半成品制造工(高级工)**技能操作鉴定要素细目表**

职业功能	鉴定项目				鉴定要素		
	项目代码	名称	鉴定比重(%)	选考方式	要素代码	名　　称	重要程度
工艺准备	D	"压延"工艺准备	10	任选	001	能按工艺要求确认压延机辊温是否符合要求	X
					002	能按工艺要求确认压延机张力是否符合要求	X
					003	能说明压延机辊温对产品质量的影响	X
					004	能说明压延张力的定义	X
		"压出"工艺准备			001	能根据压出规格正确选定口型板	X
					002	能确认供胶尺寸是否满足压出要求	X
					003	能说明所用混炼胶的压出特性	X
					004	能说明口型板与压出产品尺寸的关系	Y
		"裁断"工艺准备			001	能判断帘布的外观质量是否符合工艺要求	X
					002	能检查确认设备状态是否完好	X
					003	能说明裁断宽度、角度与产品性能关系	X
					004	能说明裁断参数制定的依据	X

续上表

职业功能	鉴定项目				鉴定要素		
	项目代码	名称	鉴定比重(%)	选考方式	要素代码	名称	重要程度
工艺准备	D	"钢圈制造"工艺准备	10	任选	001	能确认缠绕盘是否满足工艺要求	X
					002	能确认钢丝的排列尺寸是否满足工艺要求	X
					003	能判断挤出口型板是否满足要求	X
					004	能说明钢丝圈尺寸与缠绕盘关系	X
		"制浆"工艺准备			001	能确认所用胶浆是否满足工艺要求	X
					002	能确认所用胶油比例是否满足工艺要求	X
					003	能说明胶油比例要求及指标	X
		"浸胶与刮浆"工艺准备			001	能确认所用织物是否满足工艺要求	X
					002	能确认所用骨架材料是否满足工艺要求	X
					003	能说明织物与产品性能关系	X
					004	能说明骨架材料与产品性能关系	Y
压延	E	压延操作	65	职业功能必选1项,相应鉴定项目必选	001	能正确进行压延帘布厚度测量	X
					002	能根据工艺要求对压延辊距进行调整	X
					003	能说明压延张力对产品质量的影响	X
					004	能根据帘布质量及时调整压延机速比	X
					005	能及时进行压延挠度的补偿调整	X
					006	能及时正确处理压延中出现的劈缝、出兜、露白等质量问题	X
					007	能说明厚度波动的原因	X
					008	能说明压延速比对产品质量的影响	X
					009	能对新压延设备进行试车及试生产	X
					010	能说明常见质量问题产生原因及处理方法	X
					011	能正确监控压延设备的运转情况	X
					012	能发现并识别压延设备的异常现象	X
					013	能发现并报告压延设备不安全因素并采取措施	X
压出		压出操作			001	能根据压出产品尺寸调整挤出机螺杆转速	X
					002	能说明供胶量与压出速度的关系	X
					003	能根据挤出机进料情况合理控制挤出速度	X
					004	能根据压出产品外观调整挤出机各段温度	X
					005	能根据压出产品收缩调整挤出线各段牵引速度	X
					006	能根据压出产品尺寸调整挤出机口型板尺寸	X
					007	能说明设备的螺杆转速对产品产量的影响	X
					008	能说明设备的冷却温度对产品质量的影响	X
					009	能说明挤出线各段牵引速度的匹配关系	X
					010	能说明挤出效应的产生及消除方法	Y

续上表

职业功能	鉴定项目				鉴定要素		
	项目代码	名称	鉴定比重（%）	选考方式	要素代码	名　　称	重要程度
压出	E	压出操作	65	职业功能必选1项，相应鉴定项目必选	011	能对新压出设备进行试车及试生产	X
					012	能说明压出附属设备的工作原理及技术要求	X
					013	能正确监控压出设备的运转情况	X
					014	能发现并报告压出线不安全因素并采取措施	X
					015	举例说明挤出常见问题的原因及处理方法	Y
裁断		裁断操作			001	能进行多岗位裁断	X
					002	能进行多品种、多规格帘布裁断操作	X
					003	能说明裁断质量标准及检验方法	X
					004	能说明裁断常见质量问题的原因及处理方法	Y
					005	能准确设定裁断的宽度和角度	X
					006	能判断本岗位裁断参数变化与相关岗位关系	X
					007	能分析裁断中出现的宽窄不一、帘布劈缝、帘布打褶等质量问题的原因，并提出改进措施	X
					008	能正确监控裁断设备的运转情况	X
					009	能发现并识别裁断设备的异常现象	X
					010	能对新裁断设备进行试车及试生产	X
					011	能根据设备运行情况提出改进建议及维护措施	Y
钢圈制造		钢圈成型			001	能进行多岗位钢圈成型操作	X
					002	能进行多品种、多规格钢圈成型操作	X
					003	能说明产品与钢丝排列尺寸的关系	X
					004	能说明钢圈成型质量标准及检验方法	X
					005	能说明钢圈成型常见质量问题的原因及处理方法	Y
					006	能分析钢圈成型中出现的露铜、刮钢丝等质量问题的原因，并提出改进措施	X
					007	能根据不同产品要求制定钢圈成型工艺规程	X
					008	能对新钢圈成型设备进行试车及试生产	X
					009	能发现并报告钢圈成型设备不安全因素并采取措施	X
					010	能发现并识别钢圈成型设备的异常现象	X
					011	能说明钢圈成型附属设备的工作原理及技术要求	X
制浆		溶浆、搅拌			001	能根据黏度准确判断胶浆质量	X
					002	能根据不同胶浆的制浆条件、溶剂配比，选择溶剂最佳投加批数及投入时间	X
					003	能正确处理制浆过程中胶浆的异常情况	X
					004	能说明黏度与胶浆质量关系	X
					005	能根据设备运行情况提出改进建议及维护措施	X
					006	能对新制浆设备进行试车及试生产	X

职业功能	鉴定项目				鉴定要素		
	项目代码	名称	鉴定比重（%）	选考方式	要素代码	名　称	重要程度
浸胶与刮浆	E	浸胶与刮浆操作	65	职业功能必选1项，相应鉴定项目必选	001	能根据工艺要求调整浸胶、刮浆生产全过程	Y
					002	能处理各种生产事故，分析原因，提出工艺调整建议	X
					003	能确认生产流水线所用的全部原材料性能、工艺指标、外观质量及与产品性能的关系	X
					004	能根据流水线各环节的质量要求及内在联系，进行成品外观检验和结构尺寸检测	X
					005	能分析浸胶刮浆过程发生异常情况并提出处理措施	X
					006	能对新浸胶、刮浆设备进行试车及试生产	X
					007	能报告浸胶、刮浆设备不安全因素并采取措施	X
					008	能说明浸胶、刮浆全过程操作要点	X
设备保养与维护	F	"压延"设备维护与保养	20	任选	001	能说明压延设备长短期的保养要求	X
					002	能说明压延附属设备的工作原理及保养要求	X
					003	能识读压延设备传动示意图	X
					004	能根据设备运行情况提出改进建议及维护措施	X
		"压出"设备维护与保养			001	能发现并识别压出设备的异常现象	X
					002	能说明压出设备长短期的保养要求	X
					003	能识读压出设备传动示意图	Y
					004	能根据设备运行情况提出改进建议及维护措施	X
		"裁断"设备维护与保养			001	能发现并报告裁断设备不安全因素并采取措施	X
					002	能说明裁断设备长短期的保养要求	X
					003	能说明裁断附属设备的工作原理及技术要求	X
					004	能识读裁断设备传动示意图	Y
		"钢圈制造"设备维护与保养			001	能正确监控钢圈成型设备的运转情况	X
					002	能说明钢圈成型设备长短期的保养要求	X
					003	能根据设备运行情况提出改进建议及维护措施	Y
					004	能识读钢圈成型设备传动示意图	X
		"制浆"设备维护与保养			001	能正确监控制浆设备的运转情况	X
					002	能报告制浆设备不安全因素并采取措施	X
					003	能识读制浆设备传动示意图	X
					004	能说明制浆设备长短期停车保养要求	X
		"浸胶与刮浆"设备维护与保养			001	能正确监控浸胶、刮浆设备的运转情况	X
					002	能识读浸胶、刮浆设备传动示意图	X
					003	能说明浸胶、刮浆设备长短期停车保养要求	X
					004	能根据设备运行情况提出改进建议及维护措施	X

续上表

职业功能	鉴定项目				鉴定要素		
	项目代码	名称	鉴定比重（%）	选考方式	要素代码	名　　　称	重要程度
工艺计算与记录	F	"压延"工艺计算与记录	5	任选	001	能分析压延过程发生的异常情况并提出处理措施	X
					002	能对压延动力损耗进行分析计算	X
					003	能根据工艺要求制定压延操作标准	X
					004	能对压延进行经济核算	X
		"压出"工艺计算与记录			001	能分析压出过程发生的异常情况并提出处理措施	X
					002	能对压出动力损耗进行分析计算	X
					003	能根据工艺要求制定压出操作标准	X
					004	能对压出进行经济核算	X
		"裁断"工艺计算与记录			001	能分析裁断过程发生的异常情况并提出处理措施	X
					002	能对裁断动力损耗进行分析计算	X
					003	能根据工艺要求制定裁断操作标准	X
					004	能对裁断进行经济核算	X
		"钢圈制造"工艺计算与记录			001	能分析钢圈成型中发生的异常情况并提出处理措施	X
					002	能对钢圈成型动力损耗进行分析计算	X
					003	能根据工艺要求制定钢圈成型操作标准	X
					004	能对钢圈成型进行经济核算	Y
		"制浆"工艺计算与记录			001	能分析制浆过程发生的异常情况并提出处理措施	X
					002	能对制浆动力损耗进行分析计算	Y
					003	能根据工艺要求制定制浆操作标准	X
					004	能对制浆进行经济核算	Y
		"浸胶与刮浆"工艺计算与记录			001	能对浸胶、刮浆进行经济核算	X
					002	能对浸胶、刮浆动力损耗进行分析计算	X
					003	能控制原料辅料的用量,计算单耗及班产	X

橡胶半成品制造工(高级工)
技能操作考核样题与分析

职 业 名 称：＿＿＿＿＿＿＿＿＿＿＿＿

考 核 等 级：＿＿＿＿＿＿＿＿＿＿＿＿

存 档 编 号：＿＿＿＿＿＿＿＿＿＿＿＿

考核站名称：＿＿＿＿＿＿＿＿＿＿＿＿

鉴定责任人：＿＿＿＿＿＿＿＿＿＿＿＿

命题责任人：＿＿＿＿＿＿＿＿＿＿＿＿

主管负责人：＿＿＿＿＿＿＿＿＿＿＿＿

中国中车股份有限公司劳动工资部制

职业技能鉴定技能操作考核制件图示或内容

技术要求：

1. 采用四辊帘布压延设备进行 1870 dtex/2 V1 帘布压延工作；
2. 根据工艺文件自行掌握并调整压延张力；
3. 根据工艺文件自行掌握并调整压延辊距；
4. 根据工艺文件自行掌握并调整压延温度；
5. 压延过程中及时根据帘布厚度变化调整压延辊距；
6. 自行控制预热及层间温度；
7. 能及时调整压延前导开、储布、压延、后卷曲各段速度并协调一致；
8. 压延完成后进行 100％外观检测，不得出现的劈缝、出兜、露白等质量问题。

考试规则：

1. 每违反一次工艺纪律、安全操作、劳动保护等扣除 10 分。
2. 有重大安全事故、考试作弊者取消其考试资格。

职业名称	橡胶半成品制造工
考核等级	高级工
试题名称	1870 dtex/2 V1 帘布压延
材质等信息：1870 dtex/2 V1 /NR	

职业技能鉴定技能操作考核准备单

职业名称	橡胶半成品制造工
考核等级	高级工
试题名称	1870 dtex/2 V1 帘布压延

一、材料准备

材料规格

(1) 1870 dtex/2 V1 帘线一卷;

(2) 符合相应产品施工工艺要求的天然橡胶混炼胶;

(3) 相应数量的空垫布卷。

注意:帘线卷导开、接头、垫布卷整理,热炼供胶,需由参赛者自行组织班组相应人员予以配合。

二、设备、工、量、卡具准备清单

序 号	名　称	规　格	数 量	备　注
1	四辊压延联动线(含热炼)		1	
2	辊温温度计	0～150 ℃	1	
3	厚度测量仪	0.02 mm	1	
4	卷尺	3 m	1	
5	蜡笔	白色、红色	1	
6	割胶刀		1	

三、考场准备

1. 相应的公用设备、设备与器具的润滑与冷却等:

①开炼机、热炼供胶机、金属探测器等;

②工作台;

③炼胶刀、运输液压车、测温仪。

2. 相应的场地及安全防范措施:

①防护劳保鞋(可自带);

②防护手套(可自带)。

3. 其他准备。

四、考核内容及要求

1. 考核内容(按考核制件图示及要求制作)

2. 考核时限:120 min

3. 考核评分(表)

职业名称	橡胶半成品制造工		考核等级	高级工	
试题名称	1870 dtex/2 V1 帘布压延		考核时限	120 min	
鉴定项目	鉴定要素	配分	评分标准	扣分说明	得分
工艺准备	测量辊筒温度	2	不正确一个扣1分		
	调整辊筒温度	2	不正确一个扣1分		
	检测压延张力	2	不正确一个扣1分		
	调整压延张力	2	不正确一个扣1分		
	辊温高的影响	1	不正确一个扣1分		
	辊温低的影响	1	不正确一个扣1分		
压延操作	运转生产线上正确割取帘布	5	不正确一个扣2分		
	测量帘布厚度	3	不正确一个扣1分		
	辊筒上割取胶片	5	不正确一个扣2分		
	测量胶片厚度	3	不正确一个扣1分		
	根据测量结果调整辊距	5	不正确一个扣2分		
	压延出现"出兜"时如何调整张力	5	不正确一个扣2分		
	调整压延速度解决罗线打折问题	5	不正确一个扣2分		
	厚薄不均正确调整辊筒挠度	5	不正确一个扣2分		
	及时调整压延参数	5	不正确一个扣2分		
	及时协调上下工序	3	不正确一个扣1分		
	开机前进行相应检查准备	5	不正确一个扣2分		
	生产前进行试车	5	不正确一个扣2分		
	表面气泡正确调整辊筒速比	3	不正确一个扣1分		
	指出压延联动线需重点关注项点	3	不正确一个扣1分		
设备的保养与维护	长期保养要求	4	不正确一个扣1分		
	短期保养要求	4	不正确一个扣1分		
	主传动电机保养	4	不正确一个扣1分		
	辊筒温度调节装置的保养	4	不正确一个扣1分		
	至少提出一项改进建议	4	不正确一个扣1分		
工艺计算与记录	"出兜"处理措施	2	不正确一个扣1分		
	"劈缝"处理措施	2	不正确一个扣1分		
	将工艺要求转换成压延操作标准	3	不正确一个扣1分		
	计算该帘布单位成本	3	不正确一个扣1分		
质量、安全、工艺纪律、文明生产等综合考核项目	考核时限	不限	每超过规定时间10 min扣5分		
	工艺纪律	不限	依据企业有关工艺纪律管理规定执行，每违反一次扣10分		
	劳动保护	不限	依据企业有关劳动保护管理规定执行，每违反一次扣10分		
	文明生产	不限	依据企业有关文明生产管理规定执行，每违反一次扣10分		
	安全生产	不限	依据企业有关安全生产管理规定执行，每违反一次扣10分，有重大安全事故，取消成绩		

职业技能鉴定技能考核制件(内容)分析

职业名称	橡胶半成品制造工
考核等级	高级工
试题名称	1870 dtex/2 V1 帘布压延
职业标准依据	国家职业标准(橡胶半成品制造工)

试题中鉴定项目及鉴定要素的分析与确定

分析事项　　鉴定项目分类	基本技能"D"	专业技能"E"	相关技能"F"	合计	数量与占比说明
鉴定项目总数	1	1	2	4	核心技能"E"鉴定项目选取应满足占比高于2/3的要求
选取的鉴定项目数量	1	1	2	4	
选取的鉴定项目数量占比(%)	100	100	100	100	
对应选取鉴定项目所包含的鉴定要素总数	4	13	8	25	鉴定要素数量占比大于60%
选取的鉴定要素数量	3	9	6	18	
选取的鉴定要素数量占比(%)	75	70	75	72	

所选取鉴定项目及相应鉴定要素分解与说明

鉴定项目类别	鉴定项目名称	国家职业标准规定比重(%)	《框架》中鉴定要素名称	本命题中具体鉴定要素分解	配分	评分标准	考核难点说明
"D"	工艺准备	10	按工艺要求确认压延机辊温	测量辊筒温度	2	不正确一个扣1分	工具使用
				调整辊筒温度	2	不正确一个扣1分	
			按工艺要求确认压延机张力	检测压延张力	2	不正确一个扣1分	
				调整压延张力	2	不正确一个扣1分	
			说明辊温对产品质量的影响	辊温高的影响	1	不正确一个扣1分	质量控制
				辊温低的影响	1	不正确一个扣1分	
"E"	压延操作	60	压延帘布厚度测量	运转生产线上正确割取帘布	5	不正确一个扣2分	工具使用
				测量帘布厚度	3	不正确一个扣1分	
			按工艺要求调整压延辊距	辊筒上割取胶片	5	不正确一个扣2分	
				测量胶片厚度	3	不正确一个扣1分	
				根据测量结果调整辊距	5	不正确一个扣2分	
			压延张力对产品质量的影响	压延出现"出兜"时如何调整张力	5	不正确一个扣2分	设备操作
			调整压延机速度	调整压延速度解决罗线打折问题	5	不正确一个扣2分	
			压延挠度的补偿调整	厚薄不均正确调整辊筒挠度	5	不正确一个扣2分	
			及时正确处理压延中出现的质量问题	及时调整压延参数	5	不正确一个扣2分	
				及时协调上下工序	3	不正确一个扣2分	

鉴定项目类别	鉴定项目名称	国家职业标准规定比重(%)	《框架》中鉴定要素名称	本命题中具体鉴定要素分解	配分	评分标准	考核难点说明
"E"	压延操作	60	能进行试车及试生产	开机前进行相应检查准备	5	不正确一个扣2分	工具使用
				生产前进行试车	5	不正确一个扣2分	
			压延速比对产品质量的影响	表面气泡正确调整辊筒速比	3	不正确一个扣1分	
			正确监控压延设备运转情况	指出压延联动线需重点关注项点	3	不正确一个扣1分	设备操作
"F"	设备的保养与维护	20	说明设备长短期的保养要求	长期保养要求	4	不正确一个扣1分	保养项点
				短期保养要求	4	不正确一个扣1分	
			说明压延附属设备的工作原理及保养要求	主传动电机保养	4	不正确一个扣1分	
				辊筒温度调节装置的保养	4	不正确一个扣1分	
			根据运行情况提出改进建议及维护措施	至少提出一项改进建议	4	不正确一个扣1分	
	工艺计算与记录	10	分析压延过程发生的异常情况并提出措施	"出兜"处理措施	2	不正确一个扣1分	分析解决能力
				"劈缝"处理措施	2	不正确一个扣1分	
			根据工艺要求制定压延操作标准	将工艺要求转换成压延操作标准	3	不正确一个扣1分	
			能对压延进行经济核算	计算该帘布单位成本	3	不正确一个扣1分	
质量、安全、工艺纪律、文明生产等综合考核项目				考核时限	不限	每超过规定时间10 min扣5分	
				工艺纪律	不限	依据企业有关工艺纪律管理规定执行,每违反一次扣10分	
				劳动保护	不限	依据企业有关劳动保护管理规定执行,每违反一次扣10分	
				文明生产	不限	依据企业有关文明生产管理规定执行,每违反一次扣10分	
				安全生产	不限	依据企业有关安全生产管理规定执行,每违反一次扣10分,有重大安全事故,取消成绩	